朝日新書
Asahi Shinsho 375

高級品の味わいをお家で！

極上ワイン100本

奥山久美子

JN264855

朝日新聞出版

はじめに

「ワインは土地を表す芸術」と言われていますが、芸術的なワインはロマネ・コンティのような特別な畑と生産者により造られるものだけではありません。特に、近年、ニューワールドと呼ばれる新興国が造る伝統国の最上のエッセンスを吸収し発展させた高品質ワインや、伝統国の情熱的な生産者の改革により造られる見事なワイン等、毎年生まれる世界中のワインから目がはなせません。

そして、なによりも嬉しいことは、今や芸術性の高い高級ワインが5000円以下で買えるようになったことです。偉大な生産者達が、丹誠をこめて毎年市場に送り出す私達の心に響くワインとの出会いを、本書を参考にどうぞお楽しみください。

私は小さい頃からファッションとおいしいものに興味がありました。23歳の時に、東京・原宿で小さなブティックをオープンした頃の楽しみは年2回のパリとミラノ視察旅行。

世界一のファッション情報発信地で行われるファッションショーや展示会場を見るのはエキサイティングでした。なかでも一番の楽しみは、地元のレストランでいただくおいしい料理とワイン。フランス人やイタリア人が会話を弾ませて幸せそうにしているシーンを見るたびに、ファッションよりも「ワインのある食卓」に対する憧れが増していきました。

　イタリア駐在の商社の方の招待でミラノのレストランに行った時のことです。辞書のような分厚いワインリストを読み、「バローロの61年は良い年だから、これにしましょう」と言って、スマートに注文する商社マンの姿は実に理知的に見えました。この時、ワインは農作物から造られ、産地の気候風土により様々な種類が生まれることや、当たり年やはずれ年がある事など聞いて、強烈なカルチャーショックを受けたものです。アルコール飲料は単純に好きでしたが、「こんなにおいしいお酒がこの世にあるなんて！」と感動したことを今もよく覚えています。

　１９７０年代から80年代にかけての日本では、マキシム・ド・パリ以外のフランス料理店はホテルにあるくらいでした。当時、ワインリストは渋いだけのボルドーの赤ワインや甘口ワインが主流で繊細なブルゴーニュは非常に少なかった頃です。しかし、そんな状況下、私のワインに対する情熱はめらめらと燃え上がっていったのです。

28年程前に転機がやってきました。学生時代の友人の紹介で森永美智子さんと出会ったことです。のちに美智子さんは、現在パリや日本に何店も店を持つフランス料理店「タテルヨシノ」の吉野建シェフの妻となります。フランス料理に対して強烈な情熱を持っていて、私を毎日のように食事に誘ってくれました。その頃は、フランス帰りの料理人が本格的なレストランを開き始めた時代だったこともあり、美智子さんとの食べ歩きは刺激的で、食に対する考え方や楽しさを深く知ることができました。

　１９８７年にパリの分校としてアカデミー・デュ・ヴァンが渋谷に開校した時には、ワインの謎が解けるかもしれないという期待でドキドキしながら、美智子さんと一緒に入学しました。あの時代としては珍しいワイン学校は小さいビルの地下２階にあり、１クラスは10人ほどで、受講生は酒屋さん、ホテルやレストラン関係者が多く、趣味で通っているのは私くらいでした。同級生には、ワインレストラン「シノワ」を95年に銀座にオープン後、渋谷店とビストロ「ヌガ」を出店した後藤聡さん、西麻布のワインバー「椿」の椿剛さんがいました。

　美智子さんは、夫の吉野シェフが小田原に「ステラ・マリス」を89年にオープンすることが決まってからは忙しくなり、ステップ２の途中で中退。私はワイン・アドバイザーの資格を得て、その勢いで自宅にて「ワイン教室」を開いているうちに、91年にはアカデミー・デュ・ヴァンの講師になりました。２００２年からは副校長を務めています。

１９９８年の第５次ワインブームの際には、「赤ワインの渋みが血液中の活性酸素を撃退し、コレステロールを酸化させないため血液がサラサラになる」という赤ワイン健康法が流行し、さらに激安ワインブームというのもありましたが、それがきっかけとなりレストランだけではなく、居酒屋や自宅でもワインを楽しむ文化が広がりました。あれから14年、デパートのワイン売り場、スーパーマーケット、ワイン専門店が充実し、インターネットでも気軽にワインを買えるようになりました。専門知識のあるスタッフが増えたことで、保存状態の良いものが多くなり、今ではパリで飲むワインの味とほとんど変わらないほどです。

本書では、この30年間にワイン界で起きた変化により品質向上している世界中のワインから、特においしいワインを１００本選びました。ワインの新世界では30年前に比べると驚異的に栽培・醸造技術が発展し、また、伝統国でも様々な改革がなされています。

ワイン王国フランスの頂点に君臨するブルゴーニュとボルドーの高級ワインを模範として、アメリカのカリフォルニア州で、同じブドウ品種からフランスの高級ワインと同じようなワインを造り、業界を仰天させたことから始まったワイン界の新たな歴史。その後、オーストラリア、ニュージーランド、チリ、アルゼンチン、南アフリカへと波及し、最近ではコストパフォーマンスの優れた優良ワインが増加しています。

２０００円以下の旨安ワインが流行中の昨今ですが、２０００円以下となると商業的な大量生産系ワインになりがちです。しかし、２０００円以上になると優秀な生産者によって丁寧に造られたワインを幅広く選ぶことができます。フランスからは、歴史ある高名な畑ではない無名の畑からでも、素晴らしい生産者の努力によって造られる秀逸なワイン。イタリアからは、優れた感性をもつ生産者が造る洗練されたワイン。スペインからは、素朴なワインを造っていた田舎の産地で、パッションのある生産者によって改善されたワイン。ニューワールドからは、センスの良い優良生産者のワインを選びました。

ほとんどのワインはデパート、ワインショップ、インターネットで購入し、食事とともに楽しみましたが、飲みきれないワインは冷蔵庫に入れ、1週間後に飲んでも十分おいしく、ポテンシャルがあるものばかりでした。特にイタリアの赤ワインは翌日以降が素晴らしい逸品ぞろいです。ワインは基本的に食事とともに楽しむもの。今回は料理との相性を考えて章立てをしました。

第3章は、毎日の食事のスタートをきるのに相応しい心身をリフレッシュしてくれるワイン。スパークリングと白ワインに含まれる綺麗な酸が喉をうるおして、1日の疲れが吹き飛びます。シンプルなお料理も引き立ててくれることでしょう。第4章は、果実味と酸のしっかりとしたコクのある白・赤・ロゼワイン。魚介類から肉料理まで、様々なジャンルのお料理に合いやすいオールマイティなタイプです。第5章は、凝縮した果実味に加え渋みやスパイスが効く赤ワイン。じっくり時間をかけた肉料理などとともに召し上がってください。特別の日に彩りを添えてくれることでしょう。

それでは、今後の皆さまの素敵なワインライフが充実するように心から願っております。

高級品の味わいをお家で！　極上ワイン100本　目次

第1章

「100万円ワイン」の不思議

高級ワインはこうして生まれる

高級ワインとは？

ワインが食卓にあると、たちまち日常のシンプルな食事や会話が華やぎ輝きのあるシーンへと変貌します。料理の味を引き立ておいしくしてくれるワイン、家族や友人との会話がはずみ至福の時間を与えてくれるワイン。喜びは倍増し、悲しみは半減するのが不思議です。また、肉体的にも、精神的にも栄養を与えてくれる飲み物なので、1人でいただく時も元気と活力が湧いてきます。

ワインと言っても1000～2000円のカジュアルなもの、2000～5000円の中級、5000～20000円の高級、20000円以上の超高級とランク付けられます。本書は、3000円前後を中心に5000円以内に的をしぼってありますが、実際の味わいは高級ワインの範疇にはいる素晴らしいものばかりです。

おいしく感じるワインの味わいとは、白・赤・スパークリングワインも全て、基本的に以下の3点です。

①果実味・酸味・アルコールのバランスが良いもの（赤ワインは渋みも加わる）。

②果実味は濃いだけではなく、複雑性、繊細さや上品さがあるもの。

③赤ワインの渋みであるタンニンのテクスチュア（触感）が良いもの。熟したブドウから注出されるタンニンは滑らかでキメ細かい。

私達が飲んだ時においしいと感じられる高級ワインが生まれる背景には何があるのかについて説明しましょう。

ワインは「ブドウ、土地、天候、人」の力によって生まれる農作物ですが、時に感動を覚えることすらあるという話を聞くことがあります。偉大なワインは芸術と同じであり、感性や知性を満足させるもの。お酒の中で、唯一、素晴らしい音楽や絵画に出合った時のような、知的興奮を感じることがあるのはワインだけだと思います。その理由は、原料のブドウが気候・風土を表現するだけではなく、その土地の歴史や文化、造り手の思いなども表しているからです。高級ワインと呼べるのは、誰もがその何かを感じることができるようなワインです。

その中でも究極と言えるワインは、「天候に恵まれた年に、最上のブドウが育つ畑で、最上のブドウから、優秀な造り手が一切妥協せずに造ったもの」ということになります。アメリカのワイン評論家ロバート・パーカー氏が１００点満点中１００点をつけるぐらいのあらゆる感動が詰まったワインのことなのです。

ワインの品質の80～90%は、原料のブドウで決まる

●収量制限をして、濃縮度の高い完熟したブドウを得る

通常、1本のブドウの樹から10房のブドウを収穫し、1本のボトル分のワインができます。高級ワインの場合は、房の数を少なくしてブドウの実にエキス分を凝縮させ、複雑なワインを造っています。因みに、ロマネ・コンティの場合は、1本の樹に5房ほど。1房が非常に小さいので3本の樹からボトル1本が造られます。

古木（樹齢40年以上）の場合は、自然と生産量が抑えられ低収量となります。しかも根が地底に深く張るので、複雑なミネラル分等が豊かになる。また、夏から秋にかけての多雨など天候に恵まれない年は、腐敗果などを取り除くので、収量は例年の半分から7割ほどに減ることもよくあります。完熟していないと、ブドウのパワーが弱めになるので、熟成するポテンシャルが低くなるものの、丁寧に選果する生産者のワインはおいしいのです。

●生産者が健全なブドウをつくる

ブドウはつる性の植物なので、ほうっておくと近くにある木などに巻きついて枝葉ばか

りが大きくなります。ブドウの実を収穫するためには、人間がコントロールをして育てることが必要です。

　おいしいワインを飲むためには、良い生産者を選ぶことが大切。生鮮果物であるブドウを原料としているワインは、収穫後直ちに発酵させなければいけないため、ブドウ栽培者がワインを生産することがほとんどです。優れたワイン生産者は、冬の剪定《せんてい》から秋の収穫まで畑で弛《たゆ》まぬ努力を続け、ブドウが健全に育つよう涙ぐましい努力をしています。

　手摘み収穫を行い、さらに選果台に乗せて腐敗果や未熟果を取り除きます。大量生産系のワインは機械収穫を行うので、その際にブドウが潰れ、腐敗果も混じることもあるため、酸化防止剤の亜硫酸が多く必要になります。

　１９８０年代末から90年代にかけて、ブドウ樹の健康を守るために土には化学肥料等を使用せず、リュット・レゾネ（減農薬農法）、有機的栽培やビオディナミ（有機農法に宇宙のエネルギーをとり入れた農法）を実践する生産者が増えました。自然回帰が盛んになった理由は、第二次世界大戦後に発明された奇跡の薬品とされる、除草剤、殺虫剤、化学肥料によって大量にブドウが収穫できるようになった一方で、品質が著しく低下してしまったためです。土中の微生物がいなくなり、土は硬く、樹の根が土中に深く入れなくなってしまい、弱くなってしまったのです。最近の優良生産者は、トラクターよりも軽いという理由から馬で畑を耕す等、大変な努力を行っています。

醸造に関しては、それぞれのブドウに合わせ、理想的な発酵・熟成・瓶詰めの過程を経てから商品化。おいしいワインを造る生産者には、センスの良さだけではなく情熱と芸術性も必要とされます。

おいしいワインは良いテロワールから生まれる

テロワールは、直訳すると「土地」という意味。ワイン用語としては、ブドウ畑を取り巻く自然環境要因（その土地の土壌、標高・傾斜・方位などの地勢、そして、気温・日照量・降雨などの気候）を意味します。ワイン用ブドウは元々地中海沿岸の乾燥した地域がルーツ。湿度が高いと灰色カビ病になりやすいので、基本的には乾燥した土地を好みます。四季があり寒暖の差があるところ、土壌は水はけの良い粘土石灰質や砂利質などが最適とされています。水はけが良いと、根が深く入り古い地層のミネラル分を吸い上げることもでき、また降雨の後にブドウが水ぶくれしません。平野部の肥沃な土地のブドウは個性のない平板なワインになりやすいのです。

しかし、理想的なテロワールではなくても、近年の進んだ栽培や醸造技術のおかげで、雨の多い気候や多少の水はけが悪い土地でも徹底的に土地改良を行い、最近では良いワインを造ることができるようになりました。山梨県の一部の畑では、牡蠣の貝殻をまいたり、暗渠《あんきょ》用の土管を土中に埋めて雨水が溜まらないようにしています。

一方、地中海性気候の乾燥した場所でも、気温が高過ぎたり日照量が多すぎると、ハングタイム（ブドウが樹になっている期間）が短くなり、酸のぼやけたシンプルなブドウになってしまいます。近年、ハングタイムが長くなるように、標高の高い涼しくて寒暖の差が激しいところに畑を拓く生産者が増えています。

また、昨今は冷涼産地ブームなので、過熟していないブドウから造られる酸のしっかりとした繊細なワインが人気を集めています。

良いブドウ品種を選ぶ

高級ワインとなる品種は、白ブドウ、黒ブドウともに魅力的な個性を備え、ワインになってからも熟成し品質向上する能力があります。現在では、国際品種と称されるようになった白ブドウのシャルドネ（ブルゴーニュ原産）、ソーヴィニヨン・ブラン（フランス西部が原産）、リースリング（ドイツ辺りが原産）は、各国の地域別に気候風土に合わせて世界中で栽培されています。黒ブドウはカベルネ・ソーヴィニョンとメルロ（ボルドー原産）、シラー（ローヌ原産）、ピノ・ノワール（ブルゴーニュ原産）が代表的な国際品種です。

１９７０年代に始まったカリフォルニアワインの劇的な品質向上により、シャルドネとカベルネ・ソーヴィニョンが注目されるようになり、80年代にはオーストラリア、90年代にはチリ、アルゼンチン、ニュージーランド、日本等、伝統国のヨーロッパに対して新興国ニューワールドと呼ばれる国のワインにも世界レベルのものが現れました。

また、80年代には伝統国イタリアからはスーパートスカーナという上質なボルドータイプの赤ワイン、90年代にはスペインからスーパースパニッシュという改革によりモダンなスタイルに生まれ変わった赤ワインが登場。２０００年以降は、高級フランスワイン風というのではなく、その国独自の土着品種を活かした個性的なワインが、都会的に洗練され魅力的になり人気を集めています。

ロマネ・コンティが突出して高価な理由

フランスで最もエレガントで繊細なワインを生むワイン産地はブルゴーニュ地方です。

その中でも、とりわけ黄金丘陵を意味するコート・ドール地区は、荘厳な王冠にちりばめられた宝石のようなグラン・クリュ（特級畑）が32存在します。その中で、ひときわ光り輝く孤高のフローレス・ダイアモンドのような存在がロマネ・コンティ。この究極の華麗なる赤ワインの名前は聞いたことはあっても、飲んだことがない方が多いでしょう。なぜなら、畑の面積はわずか１・81ヘクタール、年産５０００〜６０００本という希少品に対して世界中のお金持ちのワイン愛好家が争奪戦を繰り広げており、非常に入手困難だからです。

日本で購入する場合、正規代理店での価格は35万円程度ですが、ワインはすでに代理店のお得意様へと行き先が決まっています。一般消費者が購入する場合は、異常なプレミアがついているため、１００万円前後のお金を支払わなければいけません。新しくリリースされるワインで約１００万円の値がついていますから、専門店等で熟成された偉大な年の古酒になると、目が飛び出るような価格になっています。間違いなく、世界一高価なワインはロマネ・コンティです。

世界中の愛好家の心を掴んで離さない理由のひとつは、芸術的で感動するほどおいしいワインであるということ。その味わいは、完全な球体と評され、完成度が比類なき水準にまで達していて、バランスの良さと余韻の長さは別格です。

また、壮麗な歴史や伝説に彩られたロマンに惹かれること、そして、ピノ・ノワールという単一のブドウがテロワールを鏡のように映し出す、その純粋性の魅力にも恋いこがれてしまうわけです。

一方、これはフランス人のブランド戦略で、最高級品の中に、さらに特別入手困難な逸品を君臨させると、どうしても手に入れたくなる、という人間の心理をついているといった意見もあります。自分で購入することはなくても、ビジネスや恋愛のシーンで、ロマネ・コンティをご馳走になるような機会があれば、これ以上の喜びはないのかもしれませんが。

生産者のドメーヌ・ド・ラ・ロマネ・コンティ（通称ＤＲＣ）の共同経営者の１人であるオベール・ド・ヴィレーヌ氏の努力の賜物により、コート・ドールのクリマ（畑）は、シャンパーニュ地方等を押さえてフランスが推薦する世界遺産の候補のひとつに選ばれました。２０１３年には、正式に世界遺産に登録されることでしょう。

ＤＲＣは、ロマネ・コンティ以外にも「ラ・ターシュ」「リシュブール」「ロマネ・サン・ヴィヴァン」「グラン・エシェゾー」「エシェゾー」といった隣接しているグラン・クリュを所有しており、同じ醸造家が造っているのでその風味の絢爛豪華さは共通しています。しかし、価格の点では５分の１から10分の１ほど。それでは、なぜこのようにロマネ・コンティだけが特別な威光を放っているのか、その理由を紐解いてみましょう。

壮麗なロマネ・コンティの歴史

西暦２８２年にワイン皇帝で有名なプロブスが、ガリア（フランス）のブドウ栽培を禁止したドミティアヌスの勅令（92年）を廃止したことに感謝したブルゴーニュの人々が、「ヴォーヌ村の最上の畑にロマネの名を冠することにした」というクルーテペの記述があります。しかし、実際この辺りには11世紀までブドウ畑が存在しなかったというのが真実のようです。

ロマネ・コンティの畑は、ロマネ・サン・ヴィヴァン畑とともにサン・ヴィヴァン修道院の所有物でした。８９０年サン・ヴィヴァン修道院は、コート・ドールの裏にあるヴェルジの丘の斜面にヴェルジ領主のマナセ１世が創立。１０９５年のクレルモンの宗教会議の際、教皇ウルバヌス２世の命令でクリュニー修道院に系列化。領主達から土地を寄進されましたが、サン・ヴィヴァンは修道僧の数が少ないため、シトー派のクロ・ド・ヴジョのように自ら耕作をしませんでした。農夫の小作に出されたようです。その後、１２４１年頃の文書に4つのブドウ畑の名前などが残っていたことから、この頃すでにロマネ・コンティとロマネ・サン・ヴィヴァンの原形となる畑はあったと確認されました。

15世紀末、ブルゴーニュ地方がルイ11世によってフランスに統合された際、修道院の保有地の境界が確定したので、ロマネ・コンティのルーツの畑が明らかになりました。当時の「クルー・デ・サンク・ジュルノー」（1人で耕せば5日かかる広さの区画という意味）が今のロマネ・コンティと同じ畑であり、16世紀前半になると「クロ・デ・クルー」と呼ばれるようになりました。

１５８４年に「クロ・デ・クルー」は修道院長によって売りに出され、ディジョンのクロード・クザンが高値で購入。１６２１年には、クロ・ド・ヴジョの所有者のジャック・ヴノーが買いとりました。この頃にやっとロマネという名前で呼ばれるようになり、ワインはクロ・ド・ヴジョで醸造されていました。この頃、ルイ14世がファゴン医師から薬としてスプーン1杯のロマネを勧められたという逸話があります。

しかし、ヴノーの娘婿が浪費家で莫大な借金を作り、その借金返済のためにロマネを売却するはめになったのです。そこに登場したのは、かの有名なルイ・フランソワ・ド・ブルボン（コンティ公、ルイ15世のいとこ）です。１７６０年にコンティ公が購入した時のロマネは、すでに有名であったため近隣の畑よりも5〜6倍ほど高かったとの記録が残っています。

ルイ15世の愛人ポンパドゥール侯爵夫人とコンティ公の確執についての逸話は数多く、実際に凄まじいものがあったようです。ポンパドゥール夫人がロマネに目を付けているという話を聞いたコンティ公は、横取りされないように相場の2倍ものお金を支払いました。

コンティ公の息子が相続後、１７８９年のフランス革命により畑は国に没収されて競売にかけられます。競売で１７９４年にニコラ・ドフェ・ド・ラ・ヌエルが購入しましたが、１８１９年にはナポレオン帝政時代の武器商人として財産を築いた銀行家ウーヴラールに渡るのです。そして、１８６９年に現在のＤＲＣのオーナーであるオベール・ド・ヴィレーヌ氏の先祖であるジャック・マリ・デュヴォー・ブロシェ氏が畑の持ち主になりました。ブロシェ氏は当時、約１３３ヘクタールのブドウ畑（全てコート・ドールのグラン・クリュとプルミエ・クリュにあたる土地）を所有していたという大実業家ですが、最上畑ロマネ・コンティを入手できたのは80歳の時でした。１９９９年にド・ヴィレーヌ氏が、ロマネ・コンティのセカンド・ワイン的な存在である「ヴォーヌ・ロマネ・プルミエ・クリュ」をリリースした時に、「キュヴェ・ジャック・マリ・ブロシェ」という名前を冠したほどブロシェ氏は重要な人物です。

遺産を受け継いだド・ヴィレーヌ氏は、１９４２年に豪商のアンリ・ルロワ氏と50%ずつ株を保有する株式会社ドメーヌ・ド・ラ・ロマネ・コンティを設立し、ルロワ氏と共にあらゆる改良を行いました。第二次世界大戦の間も、ロマネ・コンティの樹がフィロキセラ（19世紀末以降にヨーロッパ中のブドウ樹を枯らしたブドウ根油虫）に犯されないように、二硫化炭素を地中に注入するなどの努力をしましたが、フィロキセラの勢いには勝てずに１９４５年には引き抜くことになりました。

プレ・フィロキセラの状態で１９４５年までロマネ・コンティが造られていたことは他の畑では考えられない奇跡でした。新しく苗木を植える際に、ＤＲＣ所有の畑「ラ・ターシュ」の枝を台木に接ぎ木してロマネ・コンティ畑に植え、できたブドウで１９５２年からワイン醸造が再スタートしました。現在のロマネ・コンティの樹の約7割はラ・ターシュのクローンです。同じ遺伝子をもつラ・ターシュは、ロマネ・コンティ同様にＤＲＣのモノポール（独占所有の畑）なので、ロマネ・コンティに次いで憧れの的になっています。

現在は、オベール・ド・ヴィレーヌ氏とアンリ・ルロワ氏の孫アンリ・フレデリック・

ロック氏が共同でＤＲＣを運営しています。因みに、故アンリ・ルロワ氏の娘であり、92年までＤＲＣの共同経営者であったラルー・ビーズ・ルロワ氏が１９８８年に設立した「ドメーヌ・ルロワ」は、ビオディナミに早くから注目していました。オートクチュールのようなグラン・クリュのワインを造っており、やはり超高価です。

現在のブルゴーニュワインの最高峰であるＤＲＣとドメーヌ・ルロワは、価格的には手が届かない存在ですが、フランスワインの頂点の美学を、フランス的に表現しているのかもしれません。一切の妥協をせずに造られる至高のワインです。しかし、なんと言っても歴史的な国宝級ワインはロマネ・コンティをおいて他にはありえません。ＤＲＣは、今後もその名声をさらに高め続けていくことでしょう。

世界中のピノ・ノワールの造り手は、ロマネ・コンティを目標とする？

●ピノ・ノワールについて

ピノ・ノワールはブルゴーニュ原産の、華やかな果実味と繊細なテクスチュアをもつ黒ブドウ品種。冷涼な気候に向くデリケートな性格で、「石灰質土壌で歌をうたう」と言われています。フランス国内の他の地域では、やはり北部に位置する石灰質土壌のシャンパーニュ地方、アルザス地方、ロワール地方の一部でも少し栽培されています。果皮が薄いため灰色カビ病やうどん粉病などに弱く、栽培が難しい品種です。また、突然変異しやすく、ピノ・ブラン（白ブドウ）、ピノ・グリ（灰色ブドウ）は突然変異によって生まれました。

また、ピノ・ノワールのクローンはブルゴーニュの公的機関であるＥＮＴＡＶ（ブドウ栽培の改良のための国立技術研究所）に登録されているものだけで40ありますが、世界には数百から数千あるそうです。アメリカやニュージーランドでは、ドメーヌ・ポンソの畑の穂木（ブドウの実をつける）から採取された「ディジョン・クローン」が高級ワイン用に使用されています。「ディジョン・クローン」は、７７７、６１７等、発見された順番に番号がつけられており、造り手は数種類のクローンを組み合わせることによってワインに複雑性を与えるようにしています。

●外観、香り、味わいの特徴

果皮が薄いので外観は明るいルビー色からガーネット色を呈しています。温暖な地域では、果皮が分厚くなるせいで少し色の濃いワインになります。香りは赤系果実が中心（黒系もあり）で、ベリー系フルーツ、チェリー、プラム。スミレやバラの花、ハーブにスパイス等の香り。味わいは、果実味のフレーヴァーが滑らかに口中に広がり、シャープな酸味と紅茶のようなタンニンが骨格となって果実味を支えます。全体的にエレガントな印象を受けます。

栽培されるテロワールにより、風味には微妙な違いがあります。特に最上のワインを生むコート・ドールでは、村ごと、畑ごとに個性があることが最大の魅力になっています。たとえば、ロマネ・コンティがあるヴォーヌ・ロマネ村の特徴は、バラの香水のように甘く官能的な香りがあり、ボディはリッチで肉感的、その上フィネス（上品・優雅・繊細なこと）に溢れています。

また、一般的に、温暖なカリフォルニアの場合は、ブルゴーニュよりも濃厚な果実味とアルコールが強く、少し冷涼なオレゴンではやや線が細い印象。しかし、標高が高く冷涼なスポットで栽培している造り手のものは繊細です。ニュージーランドのものが最もブルゴーニュに近いと言われています。最近では南アフリカのものも注目されています。

第2章

ワイン最新トレンド
「ニューワールド」と「ビオ」

近年話題のニューワールドのワインとは

ワインの伝統国であるヨーロッパのワインに対して、大航海時代以降にヨーロッパ人が植民し、そこから始まったワインのことを新興国のワイン、またはニューワールドのワインと呼んでいます。ニューワールドには土着のワイン用ブドウがないので、ブドウ樹を主にフランスから輸入して植樹しています。その際に選ばれる品種は、高級ワインに仕立てられる優良品種。白ブドウはシャルドネ、ソーヴィニヨン・ブラン。黒ブドウはカベルネ・ソーヴィニヨン、メルロが比較的育てやすいこともあり、世界中のニューワールドで栽培面積を増やしています。また、温暖で乾燥した地域ではシラー、冷涼な地域ではピノ・ノワールの人気が高まっています。これらは全てフランス原産で、今では国際品種と呼ばれるほどポピュラーになりました。

主要なニューワールドワインの産出国は、アメリカ、オーストラリア、チリ、アルゼンチン、ニュージーランド、南アフリカですが、日本や中国もヨーロッパ品種からワインを造っているので、ニューワールドのワインになります。

国際品種以外に、その国のシンボルというべき象徴品種が必ずあり、最近は特に栽培・醸造法の発達により洗練されておいしくなりました。オーストラリアの「シラーズ」、アメリカの「ジンファンデル」、チリの「カルムネール」、アルゼンチンの「マルベック」などで、ルーツはジンファンデル（クロアチア原産）以外はフランスです。現在では、原産国とは違った独自の個性が認められ世界的に評価が高まっています。

日本の甲州は、約１０００年前に、仏教と共に日本に伝わったヨーロッパ系のブドウですが、シルクロードを渡ってくる間にアジア系のブドウとも交わり、日本で育まれてから独特の個性が生まれました。日本の象徴品種として、ここ10年間の品質向上ぶりには目を見張るものがあります。

ニューワールドと呼ばれる地域は、ニュージーランド以外は温暖で乾燥した地中海性気候のところが多く、ブドウの生育期間中や収穫期にほとんど雨が降りません。日照量に恵まれているので、よく熟したブドウから濃厚な果実味が豊かなグラマラスなスタイルになり、また、糖度が高いブドウからアルコール度の高い力強いワインが生まれます。

雨が少ないとカビ系の病気の心配はいりませんが、ブドウが健康を損なうほど雨が少ないと品質にも影響がでるので、ニューワールドの国々では灌漑という人為的な水やりを行っています。ドリップ・イリゲーションという、ブドウ樹の根にのみ水が落ちる効率の良いシステムです。

ほとんどのニューワールドでは、フランスのように生育期間や収穫期に雨が降りカビによる被害が蔓延する、というような心配をする必要があまりなく、毎年がヴィンテージ・イヤー（当たり年）と言えます。近年では世界的な天候不順の影響でブドウが完熟しないケースもありますが、ヨーロッパほどではありません。

しかしながら、ブドウ生育期間の気温が高すぎると、酸味のぼやけた平板なワインになってしまうので、なるべく涼しい地区でゆっくりと時間をかけて完熟することが、高品質なブドウを得る条件となります。

また、ニューワールドで高級ワインを造るためには、収量制限等の基本的な項目以外に、ブドウ樹の苗木を輸入する際に良い遺伝子をもつクローンを使用することが重要です。ロマネ・コンティのクローンだという宣伝文句で売っているワイナリーもあるほどです。

他にも、一流のコンサルタントを招聘して劇的に品質向上するワイナリーも多く存在しますが、土地代や人件費が安価なのでワイン代は安くあがります。

自由なワイン造りを許す法制度

ニューワールドには、伝統国のようなワイン法がありません。フランスのような２００

0年にも及ぶワインの歴史や伝統がないことで、かえって自由なワイン造りをすることができます。

フランスの場合は、ワイン名が産地名になっており、各産地では伝統的なブドウ品種、栽培法、醸造法などが細かく規定されています。これは品質を守るためには大切なことですが、ある程度知識がなければ、ラベルを見ただけではワインの味の判断がつきません。ところが、ニューワールドは、消費者に分かりやすいようにブドウ品種名がワイン名になっているものが主流です（ヴァラエタル・ワインと呼ばれる）。白ブドウのシャルドネとラベルに表示してあればコクのある辛口、ソーヴィニョン・ブランとあればフレッシュで爽やかな辛口。黒ブドウのカベルネ・ソーヴィニョンは渋みが強くがっしりとしたフルボディ、メルロは果実味がふくよかで渋みがまろやかなフルボディ、という認識が一般的に浸透しています。

ニューワールドのワイン法は消費者を保護するために、ラベルに表記されることについての規制があります。アメリカ、チリの場合は品種名を表示する場合は、単一品種が75％以上含まれていなければいけないというもの。オーストラリアは85％以上です。地区名が表記される場合も、各国により何％以上というような取り決めがあります。

ワインの醸造法は、カベルネやメルロのようなボルドー地方の品種の場合はボルドースタイルの造り方で、基本的に、ブドウの房から果梗《かこう》（茎）を取り除き、粒を潰して発酵させます。できたワインを２２５リットルのフレンチオーク（アメリカンオークを使用する場合もある）の小樽で18カ月ほど熟成させてから瓶詰めします。ピノ・ノワールは、ロマネ・コンティのように果梗を取らずに房ごと発酵させる伝統的な手法を行う造り手もいますが、除梗するのが一般的です。

シャルドネはブルゴーニュ地方の品種なので、ブルゴーニュスタイルの造り方です。高級品はコート・ドール地区のように、房ごと圧搾して得た果汁を２２８リットルのフレンチオークの小樽に入れて、樽内で発酵させ、そのまま半年から1年ほど熟成させてから瓶詰めする方法ですが、ニューワールドの場合、オークの香りが付き過ぎる場合があります。樽熟成したものとステンレスタンク熟成のものをブレンドし、フレッシュ感もあり芳醇さもあるというスタイルも多く見られます。また、比較的カジュアルなシャブリやマコネ地区のように、ステンレスタンクで発酵、熟成を行い半年ほどで瓶詰めするというようなフレッシュでフルーティなタイプもあります。

ソーヴィニヨン・ブランは、ロワール地方のようにフレッシュでフルーティなスタイルが主流ですが、高級品にはボルドーのシャトー・マルゴーやドメーヌ・ド・シュヴァリエの白ワインように小樽発酵・熟成をするリッチなタイプもあります。

ニューワールドはヨーロッパのような原産地呼称統制法（AOC）による、産地の品質等級のようなランキングはありません。各ワイナリーでは、自社で生産するトップのワインには独自のブランド名や、「リザーヴ（Reserve）」「スペシャル・キュヴェ（Special Cuvée）」等と名付け、スタンダードのブドウ品種名ワインと差別化しています。そのワイナリーが所有する最上の区画の最上のブドウから造られたものなので、スタンダード品よりも複雑で凝縮度が高く長期熟成型ワインとなり、価格は1・5〜2倍以上します。

また、格上ワインの逆である格落ちワインもあります。セカンド・ワインと称されることもあります。各ワイナリーではスタンダード品を造る際、若い樹からできるブドウから造られるワイン、醸造途中で満足のいかなかったロット等を別名で商品化します。価格は安いのですが、品質的にバラツキが激しいのです。志の高いワイナリーのものはおいしいのですが、スタンダード品がおいしくないワイナリーの場合は最悪です。

現在、世界のワイン生産量の第1位はフランス、第2位イタリア、第3位スペイン、次いでアメリカ、アルゼンチン、中国、オーストラリア、チリ、南アフリカ、ドイツという順番。ニューワールドのワインの生産量が徐々に増加し、伝統国を圧倒してきています。

また、ワイン消費国の第1位はアメリカ（年間消費量は1人あたり13リットル）、第2位イタリアとフランス（1人あたり50リットル）、次いでイギリス、中国という順番です。日本は1人あたり約2リットルです。

ニューワールドのトップを走るアメリカのワイン

アメリカは、フランス、イタリア、スペインに次ぐ第4位のワイン生産国。ワイン消費量は世界一、そしてオーストラリア、チリ、アルゼンチン等の手本となっているニューワールドの中での最重要国です。アメリカワインの歴史は西海岸のカリフォルニアからスタートし、現在も全国の産出量の90%を占めています。2位が、カリフォルニアの北に位置するワシントン州、東海岸のニューヨーク州が3位、4位はオレゴン州となっています。

カリフォルニアワインの歴史は、キリスト教の布教活動とともに1779年のサンディエゴから始まりソノマまで広がりましたが、当時のワインはメキシコから伝わったスペインのミッション種（チリで現在も生産しているパイス種）から造るミサ用の赤ワイン。ヨーロッパから高貴品種が伝わったのは1860年以降です。その約10年後には、ヨーロッパに甚大な被害をもたらしたフィロキセラ（ブドウ根油虫）がカリフォルニアのブドウ畑を徐々に蝕んできましたが、ヨーロッパほどの被害はなく済み、ワインは発展していきました。フィロキセラよりも大きな打撃はアメリカの禁酒法（１９２０〜１９３３年）でしたが、ワイン消費量増加のプロモーションを行うワイン・インスティチュートとカリフォルニア大学デーヴィス校の活躍によって消費量は伸びていきました。

１９６０年代になるとヨーロッパ的な食文化がエリート層に広がり、ワインはインテリ層、文化人、実業家の間でもてはやされました。そして社会的に成功を収めた人々が、ワイナリーのオーナーとしてナパやソノマにワイナリーを所有してワイン造りを行うようになったのです。それ以前の大量生産型とは違うプレミアムワインという高級ワインの醸造を目標としています。高品質ワインの先駆けとなったのは、１９６６年にナパ・ヴァレーに設立されたロバート・モンダヴィのワイナリーです。その後ブティック・ワイナリーと呼ばれる少量生産のプレミアムワイン、すなわちボルドーやブルゴーニュのようなタイプの品種名ワインを造るワイナリーが増加し、その品質向上は目覚ましいものでした。

１９７６年に、「パリ対決」と称される、フランスの超高級ワインとめきめきと頭角を現してきたカリフォルニアのワインを目隠し試飲して順位をつけるというイベントが行われました。その際、カリフォルニアワインが上位を占めたことで、審査員をしたフランス人達がショックを受け、10年後に熟成を経た同じワインで2度目の対決を行うことになりました。結局、再度カリフォルニアワインが上位を占める結果となり、そのポテンシャルを認めざるをえなくなったのです。このセンセーショナルな出来事はフランスの生産者達に、品質向上への意欲を喚起させることとなり、新しい醸造方法も研究され、フランスワインはおいしさに磨きがかかりました。そして、30年後の2006年、同様のイベントが行われました。1990年代のアメリカの好景気によって、国中がカリフォルニアワインに熱中し、買い求め、さらに良いワインが造られるようになりました。すると、珍品を求めるようになり、2000ドルもするようなカルト・ワインという超少量の超高級ワインが生まれる現象が起こりました。

現在は、少し落ちついてきて、より繊細でエレガントなワインを求め、冷涼なワイン産地にスポットライトが当たっています。カリフォルニア州の標高の高い涼しい土地やオレゴン州やワシントン州が注目され、また、ピノ・ノワールの人気が高まっています。

カリフォルニアは日照に恵まれ、温暖で乾燥した地中海性気候。ブドウ生育期間は雨が降らないので畑の灌漑設備は必須ですが、ブドウは健康的に育ちます。また、地形的に寒暖の差がある点はワイン造りには最適です。カリフォルニア沿岸部は度重なる地震によって生まれた海岸山脈（コースト・レンジ）という４６０メートル級の山脈があり、朝晩には、霧がその傾斜地一帯に太平洋側から広がり地上の気温を下げるので、酸がキープされます。海岸から近い地区の斜面の標高の高い畑は特に涼しいので、酸のしっかりとしたワインが造られます。一方、内陸部の地域は砂漠の影響で暑過ぎるため、大量生産系のカジュアルなワイン産地です。

ナパ・ヴァレーはディズニーランドの次に観光客が多く、世界中から訪れるワインのテイスティングツアーを楽しむための人々で賑わっています。現在は４００軒ほどのワイナリーがひしめきあい、素敵なホテルやレストランも揃いワイン・ツーリズムが盛んです。

アメリカのワイン法は、財務省のアルコールおよびタバコ税、および貿易事務局（ＴＴＢ）が管理しています。ＴＴＢはアメリカのＡＶＡという栽培指定地域を１９７９年から始めましたが、フランスのように限定された産地でのブドウ品種、栽培方法、醸造方法などの規定はなく自由なワイン造りを奨励しています。ラベル表記については、産地名（州名は１００％、郡名は75％以上、ＡＶＡブドウ栽培地域は85％以上、畑名は95％以上）により規制。ブドウ品種名を表記する場合は最低75％以上使用しなければいけません。

ワインのタイプは、品種名表示のヴァラエタル・ワイン（Varietal Wine）が一般的です。その他に、ジェネリック・ワイン（Generic Wine）という品種名表示のない「レッド」「ホワイト」等の安価なワインがあり、輸出されることはありません。プロプライアタリー・ワイン（Proprietary Wine）は「商標名ワイン」のことで「オーパス・ワン」のようなワイナリー独自の名を冠したワインで、ボルドーワインのようなブレンドをしたものが多いのが特徴です。

ブドウ品種は、温暖な地区ではボルドー原産のカベルネ・ソーヴィニョンが最も成功した例でメルロはフランスに比べると酸が穏やかになり過ぎる傾向があります。ソノマやサンタ・バーバラ、オレゴンのような冷涼な地区ではブルゴーニュ原産のピノ・ノワールやシャルドネ、また、クロアチア原産のジンファンデルというカリフォルニア独自の品種からパワフルでパンチの効いたスパイシーな赤ワインが造られています。

オーストラリアの新しい潮流

オーストラリアは日本の約21倍もある大陸ですが、中央部の砂漠が約80％を占め、赤道に近い上部は熱帯、中部は亜熱帯、そして南部は温帯という四季のある気候をもつ地域です。ワイン用ブドウが育つ地域は南部に限定されますが、シドニーが州都のニュー・サウス・ウェールズ州とゴールドコーストのあるクイーンズランド州の一部でもワインは生産されています。

南部は地中海性気候であり、春から秋にかけて乾燥しているので、灌漑設備は必須条件です。南極に近い沿岸部にある産地やヴィクトリア州、タスマニア島は冷涼なためエレガントなワインが産出されますが、生産量が最多の南オーストラリア州と西オーストラリア州は一部を除くと温暖です。

オーストラリアに初めて植えられたブドウ樹は、イギリスの植民地として入植した初代総督のアーサー・フィリップ大佐が南アフリカの喜望峰から運んだものでした。ミサ用ワインのためのカリフォルニアやチリとは違い、オーストラリアでワイン（当時はブランデーや酒精強化ワイン）を造りイギリスに運ぶ、という目的で生産されていました。1970年代以降はブランデーや酒精強化ワインは激減し、食事を楽しむためのテーブルワインが増加しました。そして、70年代のカリフォルニアのカベルネ・ソーヴィニヨンとシャルドネの世界市場での大成功の後、10年遅れの80年代にはオーストラリアワインに対する国際的な評価も高まりました。

１９９６年に、オーストラリアワイン業界は「２０２５年に向けての戦略」という長期方針を策定し、２０２５年までにはオーストラリアが世界で最も影響力を持ち、かつ最も利益率の高いブランドワインの供給元になること、年間45億豪ドルの売り上げを達成する等の目標を掲げました。この目的は安価なワインの大量生産によって、わずか10年で達成され、２０００年にはイギリス市場に輸入される量がフランスより上回りました。２０００年までにワイナリーは９００から２０００に増加。さらに、アメリカへの輸出も急増し、両国への輸出だけで全体の４分の３を占めます。２０００年代に輸入が飛躍的に伸びたのはカセラ社の「イエロー・テイル」ブランドの成功が大きく、２００４年には全世界で１・５億本も販売しました。しかし、２００８年を境に、世界的不況や南米ワインの台頭等の理由からオーストラリアの輸出量は減少しました。

温暖な地域では、超大量の安価なワインが生産されているので、オーストラリアは果実味が濃厚で重いワインというイメージがありますが、64の生産地の約半数は冷涼な地域が占めています。現在、ワイン業界では地域の独自性を大切にしようという意識が高まっており、中小規模のワイナリーはテロワールを活かした多様なワイン造りを目指しています。また、最近の傾向は、濃厚でビッグなワインではなく酸とのバランスの良いエレガントな造りを追求しています。冷涼地域のヴィクトリア州ではピノ・ノワールが増加し、辛口のリースリングも複数の地域で生産量が増えています。ワインの醸造に関しては、やはりエレガントさを前面にだすためキャラメルやココナッツの香りのするアメリカンオークではなく、バニラやトースト香のフレンチオークを使用し使用比率も以前より低くなっています。今後は、繊細で上品な新しいオーストラリアワインを発見することが楽しみのひとつになるでしょう。

　オーストラリアのワイン法では、ヴァラエタル・ワインはブドウ品種、産地、収穫年をラベルに表示する場合、85％以上含まれていなければなりません。ヴァラエタル・ブレンドと呼ばれるワインは、シラーズ・メルロのように2種類以上の品種名が表示されており、含有比率が多いものが先に記されます。

　黒ブドウの中で栽培面積が最大の約45％を占めるのはシラーズ。ローヌ地方原産のシラーと同じですが、今やオーストラリア独自の象徴品種です。シラーズはシラーよりもコショウ風味が少なく果実味が豊かでチョコレートのような風味、タンニンの柔らかい赤ワインです。80年代はカベルネのブームの陰に隠れていましたが、90年代に完全復活しました。その他は、カベルネ・ソーヴィニョン、メルロ、ピノ・ノワール等も栽培されています。

白ブドウはシャルドネが最大の栽培面積を占め、フレッシュ＆フルーティと樽熟成による芳醇なタイプがあります。オーストラリア独特のセミヨン（ボルドー原産）は、アルコール度の低い軽いタイプと樽熟成を行う力強いタイプがあります。アルザス風の辛口のリースリングはミネラル豊かで上質なものが多い。また、最近では、フランス以外のイタリアやスペインの品種に注目が集まり、多様な品種が栽培されています。

オーストラリアでは、畑での作業のあらゆる面で機械化が進んでいます。全体の9割はブドウを収穫機械で摘み取り、剪定等はトラクター型耕作機械が行うので、その分コストがかからないためワインは安価です。しかし、高級ワイン用ブドウは手摘みで行います。今では、北半球の若い生産者達がオフシーズンを利用してオーストラリアに収穫の修業に行くのが当たり前の時代になりました。

ブドウ栽培においては世界一の高い技術も持ち、ワイン・コンサルタントは南半球のオフシーズンに世界中の畑を巡りながら、キャノピー・マネジメント（キャノピーとは幹、茎、葉、果実などブドウ樹の地上に出ている部分、特に葉に覆われた部分。それらを管理すること）のテクニックを紹介しています。日本の場合も、この権威であるリチャード・スマート博士の指導により、ブドウの品質が劇的に向上しました。

「チリカベ」ブーム後のチリワイン

　南米大陸の太平洋側に位置するチリ国の大きさは日本の約2倍。東京からシンガポール（約４２００キロメートル）ほどの長さの細長い国ですが、ワイン産地は中央部に位置する首都サンティアゴを中心に縦１０００キロメートルほどです。生産地域は、北部はアタカマ砂漠近郊、南部はパタゴニア、東部はアンデス山脈、西側は太平洋沿岸部に広がります。そのうち北部は生食用ブドウとピスコというブドウ原料のブランデー用の生産地、冷涼な南部では近年高品質なワインが造られるようになりましたが、主な高級ワインの主産地は中央部です。

　チリの中央部は、ブドウ生育期間にほとんど雨が降らず乾燥していて年間降雨量は３００～８００ミリ、ほとんどが冬に降る地中海性気候。陽光に恵まれ灰色カビ病などの心配はなく、自然にしておいても有機栽培に近い状態です。畑の灌漑用の水は、通常アンデス山脈の雪解け水を利用しますが、高級ワイナリーではドリップ式の灌漑設備を完備しています。昼夜の寒暖の差が激しく、日中は非常に暑くても太平洋に流れるフンボルト寒流の影響や、アンデス山脈から下ってくる夜の空気によってブドウ畑が冷却され、ブドウは理想的に育ちます。チリワインの魅力は完熟した濃厚な果実味とそれをしっかりと支える酸があり、果実のフレーヴァーが非常に豊かなことです。

1979年にスペインのミゲル・トーレス社が、チリで初めてステンレスの発酵タンクを持ち込み、衛生的でクリーンなワイン造りをして以来、土地と労働力が安いこともあり海外からの投資が盛んになりました。ボルドーのシャトー・ラフィット・ロートシルトのロス・ヴァスコス（1988年）、シャトー・ムートン・ロートシルトのアルマヴィーヴァ（1996年）、カリフォルニアのロバート・モンダヴィ等々の他に、世界中の著名なワイン・コンサルタントが多くのワインに携わり、1990年代以降は本格的な高級ワインが現れました。

1995年に新世界型の原産地呼称法デノミナシオン・デ・オリヘンが施行されました。スペイン語が公用語なのでスペインと同じ名称のDOですが、アメリカ型のワイン法なので、規制されているのは、ブドウ品種、産地、収穫年のラベルに表示について75%以上用いられなければいけないことです。アメリカと同様に、品種名の後にReservaが表示されると、格上のブドウやワインから造られており、独自のブレンド等から造られるブランド名ワインはワイナリーのフラッグシップです。

黒ブドウ品種の45%を占めるカベルネ・ソーヴィニヨンは「チリカベ」ブームを起こしたほど人気がありますが、最近ではフランスのローヌ地方原産のシラーの人気も高まっています。カベルネよりも果実味の肉付きが良くスパイシーでタンニンがソフトな点が魅力的です。また、ボルドー原産のカルメネールはこの地で大成功し、現在はチリの象徴品種として売り出しています。カルメネールは、長年、早熟品種のメルロと一緒に栽培され、早い時期に収穫されたのでピーマンのような未熟香が欠点でした。しかし、近年メルロとは逆の晩熟品種と発見されてから適切に収穫すると、独特のスパイシーなフレーヴァーをもつ個性的なブドウと認められ注目されています。ボルドーでは完熟が難しいので、ほとんど栽培されていません。

特に赤ワインの優良産地は、ヴィーニャ・エラスリス社の畑が多くあるアコンカグア・ヴァレー。また、ワインの発祥の地マイポ・ヴァレーは、首都サンティアゴに近接していることから老舗の大手ワイナリーが集中しており、カベルネが特に有名。改革されたワイナリーが多いラペル・ヴァレーは、メルロが有名です。

約４００年前にキリスト教の布教活動に使うため、初めてチリに持ち込まれた品種のパイス（スペイン原産）の栽培面積は第2位です。パイスは、今も地元で飲む大量生産ワインのため重要な役割を担っており、最近ではわずかに輸出用の高級ワインも造られるようになりました。

白ブドウで生産量が最も多いのはソーヴィニヨン・ブラン、次いでシャルドネです。ソーヴィニヨン・ブランの大半は、ソーヴィニヨン・ヴェール（イタリアのトカイ・フリウラーノ）と言われていますが、最近良質になってきました。最も冷涼なカサブランカ・ヴァレーが最大の白ワイン産地です。

チリワイン人気の理由のひとつに、フィロキセラの被害のない唯一の国であることが挙げられます。海や山や砂漠等に囲まれ、しかも砂地のためフィロキセラは生息できません。一般的にチリ以外の国では、フィロキセラに耐性のあるアメリカ系品種の台木（土から養分を吸い上げる）に、ヨーロッパ系品種の穂木を接ぎ木しています。地勢的にチリにフィロキセラがない理由以外にも、ワイン用高級品種がチリにやって来た１８５１年はフィロキセラがフランスに蔓延する（１８６０年代以降）以前であったということもあります。現在、新しい畑には接ぎ木されたブドウも多く栽培されています。

アンデスの標高差が高品質のワインを造るアルゼンチン

アルゼンチンは昔からワイン生産量、消費量ともに上位を占めるワイン大国ですが、ヨーロッパ同様に１９７０年代以降は国民のワイン消費量が減少し続けました。急速な変化が訪れたのは１９９０年代以降です。長い経済不安定期が終わり、世界各国の投資家が古くからあるワイナリーを改革、または新設することによって高品質ワインが生まれるようになりました。また、１９９９〜２００４年にかけて政府による大規模な投資も行われ、ワイン産業は一気に発展しました。

　チリのお隣に位置するアルゼンチンの国土は日本の約７・４倍、世界で８番目に大きい国です。北部は亜熱帯、西部はアンデス山脈、東部は国土の20%を占めるパンパと呼ばれる大草原、南部のパタゴニア地方は氷河地帯というように、気候風土が変化に富んでいます。アルゼンチンの場合、半砂漠のような暑くて厳しい低標高の土地からは上質なワインは造れません。アンデスの高標高が、高品質ワインを産出するキーポイントになります。ワイン産地は大きく分けて３カ所ありますが、全体の８割はメンドーサ州で産出されており、量・質ともにメンドーサが最上です。

　チリよりも内陸なので大陸性気候であり、年間降雨量は約２００ミリとチリの半分ほど。非常に乾燥しているため病害虫は少なくブドウ栽培には最適です。灌漑はチリと同様に、アンデスの雪解け水を畑の畝一面に流入するフラッド式が多く、新しく拓かれた畑はドリップ式の灌漑設備が完備されています。

チリとの違いは標高の高さ。７００～３０００メートルの土地にある畑は世界一の高さです（チリの場合は、標高５００メートル以上になると急斜面になるため畑として拓けるのは１０００メートル付近まで）。日中と夜間の寒暖の差が激しい高山で完熟するブドウからは、光合成により独特の果実味のフレーヴァーと酸が凝縮したパワーのあるブドウが生まれます。

新世界型ワイン法は１９９３年に施行されたチリ同様のデノミナシオン・デ・オリヘン（DO）。ブドウ品種、産地、収穫年は75％以上含まれていないとラベルに表示することができません。

ブドウは16世紀初頭にスペインのキリスト教宣教師により持ち込まれましたが、本格的なワイン生産は19世紀中頃からです。多種多彩なブドウ品種によるワイン造りは、現在も続いています。

アルゼンチンで最も重要な品種は、19世紀中頃にボルドーからチリ経由でメンドーサに運ばれたマルベックです。マルベックは、18世紀のボルドーでは栽培量が最多でしたが、

19世紀後半のフィロキセラ禍による植え替えの際にカベルネやメルロにとって替わられ、今ではブレンド用にわずかに生産されています。現在、フランス南西地方のカオール地区でも栽培されていますが、アルゼンチンが世界一のマルベック産出国です。マルベックのフレーヴァーと酸を保つためには、高標高で栽培することが重要であり、カベルネよりも高地での栽培が適していると言われています。因みに、カベルネはタンニン（ブドウの種から抽出される渋み）とアントシアニン（果皮から抽出される色素と渋み）の比率が半々ですが、マルベックはタンニン1に対してアントシアニンが8なので、渋みがソフトでまろやかです。

黒ブドウの栽培面積はマルベック、ボナルダ、カベルネ・ソーヴィニョン、メルロ、テンプラニーリョと続きます。白ブドウの栽培面積第1位はトロンテスという軽快でフルーティなワイン用品種。次にシャルドネ、シュナン・ブラン、ソーヴィニョン・ブランです。

「ビオワイン」には微妙な違いがある

最近話題の的である「ビオワイン」という言葉。ビオワインはビオロジック、ビオディナミ、オーガニック、自然派ワイン等のことですが、各々の意味合いは微妙に違います。

「ビオワインは酸化臭がするから嫌い」と言う人がよくいますが、これは自然派ワインと呼ばれる亜硫酸塩無添加ワインを指しています。亜硫酸塩を全く使用しないワインは瓶詰め後すぐに酸化（劣化）したり、低温できちんと管理をしないと瓶内のバクテリアによって再発酵が始まり炭酸ガスが発生したりと状態が悪いものがほとんどです。しかし、ビオディナミとビオロジックはブドウの栽培方法のことで、この農法では、健全なブドウが栽培されるため、おいしいワインができます。

自然派ワインは世界中で造られていますが、優良生産者によるおいしいワインから酸化し劣化したものまで様々あります。自然派と呼ばれる所以は、基本的に栽培は有機的に行うこと、醸造については、野生酵母によるアルコール発酵で、補酸・補糖は行わない、酵素は使用しない、酸化防止剤の亜硫酸塩を使用しない、瓶詰めする際は清澄・濾過を行わないというように、人為的な作業をせず自然にまかせる手法です。フランスでは、ヴァン・ナチュールと呼んでいます。

20世紀は目覚ましい化学の発達により様々な薬品が生まれた時代です。戦後に登場した除草剤、殺虫剤によって、農業はだんだんと化学薬品に頼るようになります。１９５０年頃に生まれた便利な除草剤は、８カ月もかかる雑草取りを３日で終わらせることができるようになり楽なため、ブドウ栽培者たちはすぐさま飛びつきました。その結果、土中のバクテリアが死滅してしまい、かちかちのコンクリートのように固まった土地からは植物が健康的に育たなくなってしまったのです。

そこで、元気のなくなったブドウ樹に化学肥料を与えたところ、ブドウは手っ取り早く栄養を吸収しようとして根を浅いところに張ってしまい、土中深くにある素晴らしいミネラル分を吸収することができなくなりました。殺虫剤の使用により害虫を食べる益虫は姿を消し、土地の肥料となる雑草も畑から消えてしまったため、最終的に化学薬品に頼らざるをえなくなったわけです。

土壌微生物学者のクロード・ブルギニョン氏が、「サハラ砂漠の土のほうが、フランスの多くの畑よりも微生物が多い」という学説を発表してから、有機栽培を行う農家が徐々に増えるようになりました。１９７０年末にロワール地方のニコラ・ジョリーがフランスで最初にビオディナミを実践して以来、次々とビオロジックやビオディナミが世界中に広がり、特に90年代からは増加の一途をたどっています。

・有機農法（Biologique）

畑では除草剤、殺虫剤、化学肥料を最低3年間使用していない。さらに、完全堆肥をすきこむことで土地を肥やしつつ微生物環境を整える。ブドウ畑の下草に何十種類もの植物を植える。アメリカでは、オーガニック（Organic）という。

・オーガニック・ワイン（Organic Wine）

有機栽培でできたブドウを使用し、醸造の際に亜硫酸塩無添加のワイン。通常早く酸化（劣化）しやすいので早めに飲まなければいけない。低温で管理をしないとバクテリアが繁殖し再発酵を起こす。もともとの品質レベルが低いので熟成による向上やおいしさとは無縁。アメリカでは無神経に亜硫酸塩を使用をしたことから、亜硫酸アレルギーを起こす人が現れ、このカテゴリーが生まれた。日本でビオワインと呼ばれているのもこのタイプが多い。

（注）日本の亜硫酸塩使用基準は、１リットル中３５０ｐｐｍ（０・０３５％）以内。フランスでは４００ｐｐｍ以内。最近の中レベル以上の生産者の場合は、最小限にしか使用しないので全く心配はいらない。また、使用した亜硫酸塩の大部分は、すぐさまワイン中で化学反応を起こし無毒化されるので、ワイン中に含まれる遊離した亜硫酸塩は基準の10分の1以下と言われている。

・ビオディナミ（Biodynamique）

「生力学」、１９２４年にオーストリアのルドルフ・シュタイナー氏が提唱した生命に関わる宇宙的なエネルギーの力学。ニコラ・ジョリー、ドメーヌ・ルロワといったメゾンがこのタイプのワイン造りで有名。ドメーヌ・ド・ラ・ロマネ・コンティも行っている。

一般の有機栽培ではどうしても防ぎきれない病気、害虫、天候不順による不作など、宇宙エネルギーの力を借りれば農薬を使わなくても十分に解決できるというもの。地球上の生命は全て月の満ち欠けや惑星の位置の影響を受けると考え、ブドウ樹の剪定や誘引、オリ引き、収穫などのスケジュールが決まっていてそのカレンダー通りに行う。また、牝牛の角の中で熟成させた調合剤や、薬草を煎じたもの等を畑にまいて土を活性化させる。

・リュット・レゾネ（Lutte Raisonnée）

「理由のある戦い」という意味。フランスの優良生産者の間で多く利用されている。有機栽培を意識した栽培法であるが、害虫が大量に発生したり、雨によってカビが繁殖したりというような最悪の時にのみ農薬を使用する。アメリカでは、サスティナブル・グレープ・グロウイングと呼び、日本語では「環境保全型ブドウ栽培」と訳されている。

データの見方

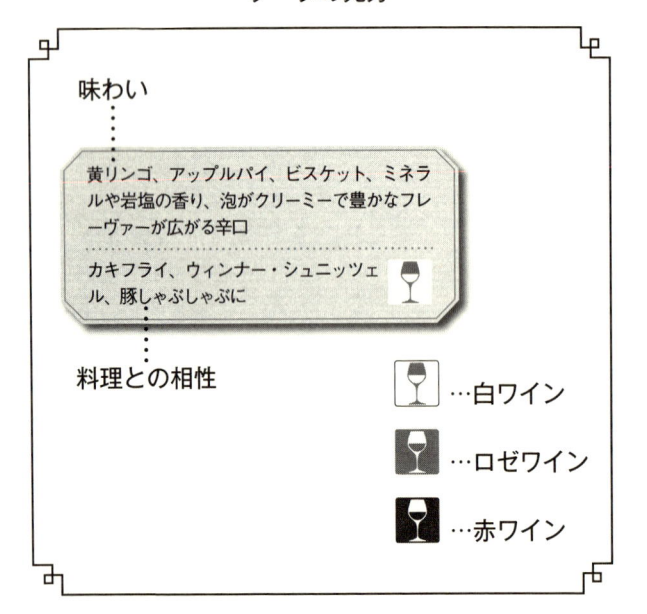

味わい

黄リンゴ、アップルパイ、ビスケット、ミネラルや岩塩の香り、泡がクリーミーで豊かなフレーヴァーが広がる辛口

カキフライ、ウィンナー・シュニッツェル、豚しゃぶしゃぶに

料理との相性

…白ワイン

…ロゼワイン

…赤ワイン

第3章

優雅な食卓へのプロローグ

素材を活かした繊細な料理と楽しむ

1 Steininger Grüner Veltliner Sekt

シュタイニンガー グリューナー・フェルトリーナー ゼクト

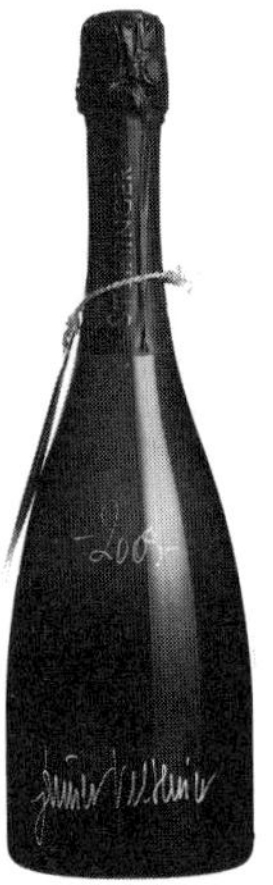

黄リンゴ、アップルパイ、ビスケット、ミネラルや岩塩の香り、泡がクリーミーで豊かなフレーヴァーが広がる辛口

カキフライ、ウィンナー・シュニッツェル、豚しゃぶしゃぶに

価格	¥3900
産地	オーストリア、ニーダーエステルライヒ、カンプタール
ブドウ品種	グリューナー・フェルトリーナー
輸入元	エイ・ダヴリュー・エイ　☎0798-72-7022

透明感のあるアロマ 麗しいゼクト

オーストリアワインは、ブドウ品種や製法等が隣のドイツに近い。白ワインの生産量が90％近くもある涼しい産地だが、ドイツよりもブドウの熟度が高いのでアルコール度数が高くドライなワインが多い。瓶内二次発酵による発泡酒をゼクトと呼ぶのもドイツと同じだが、アルコール度数は13・5％と高く力強さが加わっている。純粋で透明感のある果実味や辛口好きにはピッタリだ。シュタイニンガーはゼクト専門のヴァイングート（ドメーヌ）、単一品種から造りあげる純粋性にこだわっている。シャンパーニュ訪問がきっかけでゼクト造りを始めたシュタイニンガー氏は、畑仕事を大切にし、素晴らしいブドウを収穫する。瓶内二次発酵から熟成期間は18カ月以上。もっと長いと思えるほど泡がクリーミーで品が良い。

Domaine Huet Vouvray Pétillant Cuvée L'Echansonne Brut

② ドメーヌ・ユエ ヴーヴレ・ペティヤン キュヴェ・レシャンソンヌ・ブリュット

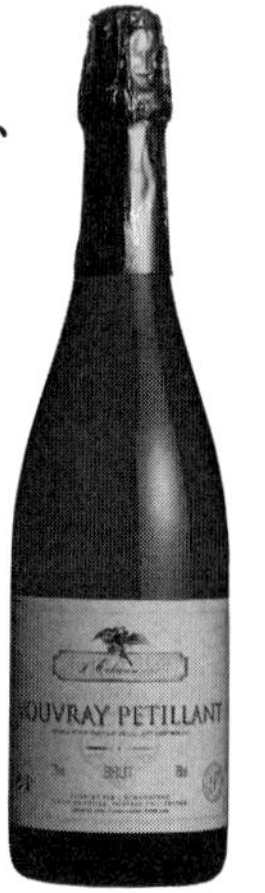

ペールグリーンにピンポイントの泡立ち、海藻のようなミネラルと旨味、繊細な杏の風味が心地良い泡とともに優しく広がる辛口

アペリティフやだしのきいた和食全般に合う

価格	¥3300
産地	フランス、ロワール地方、トゥーレーヌ地区
ブドウ品種	シュナン・ブラン
輸入元	ヴァンパッシオン ☎03-6402-5505

ロワールの雄、ユエの偉大なるペティヤン

ペティヤンとはガス圧の低い微発泡のスパークリングワインのこと。冷涼なロワール地方では、昔からシュナン・ブランのブドウから辛口・中辛口、甘口・極甘口の貴腐ワインの他に、酸っぱいワインを二次発酵してスパークリングワインも造っていた。しかし、ユエの場合は、マイナーなロワールのヴーヴレを世界トップレベルに引き上げたスーパードメーヌとして、信じられないほどの素晴らしいペティヤンを造っている。通常、ブドウから造るベースワインに糖を加え二次発酵するが、ユエの場合は、ベースワインに糖を加えず、原料ブドウの糖のみで二次発酵して造っている。カーヴでの熟成期間は24～36カ月なのでシャンパンと同様にトーストやミネラルの香りも十分。１９９０年からビオディナミ農法を実践しているのでブドウのパワーも感じられる。

3 Domaine de la Taille Aux Loups Montlouis Brut Triple Zero

ドメーヌ・ド・ラ・タイユ・オー・ルー モンルイ・ブリュット トリプル・ゼロ

焼きリンゴ、トースト、ミネラル、レモンゼストの香り、ピチピチした泡、レモネードのような柔らかい甘さとシャープな酸のバランスが良い

魚介のフリットにレモンを添えて、フルーツ系のデザートにも合う

価格	¥3300
産地	フランス、ロワール地方、トゥーレーヌ地区
ブドウ品種	シュナン・ブラン
輸入元	ラフィネ　☎03-5779-0127

モンルイのエネルギッシュなスパークリング

風光明媚なロワール河沿いのトゥーレーヌ地区の白ワイン産地の中で、最上質な白ワインは南向きの斜面をもつヴーヴレ。そして、河の対岸に位置するモンルイは、軽めのワインになると一般的に言われている。しかしながら、ヴーヴレとモンルイでは、畑のある場所に関係なく真面目にブドウ栽培をせず、残糖でワインの味を誤魔化す生産者が多いことが残念だ。もちろん、ヴーヴレにはユエのようなスーパードメーヌも存在する。そして、タイユ・オー・ルーの当主ジャッキー・ブロ氏も、情熱家として有名な当主。有機栽培で畑を管理、醸造所では補糖・補酸を行わず樽発酵・樽熟成により白ワインを造る。トリプル・ゼロはベースワインを同様に造り、二次発酵、熟成後の門出のリキュールには樽熟成したワインのみを使用している。

4 *Les Vignerons de Haute Bourgogne Crémant de Bourgogne Cuvée Chardonnay*

レ・ヴィニュロン・ド・オート・ブルゴーニュ クレマン・ド・ブルゴーニュ キュヴェ・シャルドネ

洋梨風味に加えミネラルとビスケットの香り、細かい泡がクリーム状に広がり、上品なフルーティさと引き締まった酸味が爽やかな辛口

アペリティフ、お鮨、水炊き、湯豆腐など旨味のある和食に

価格	¥2800
産地	フランス、ブルゴーニュ地方、シャティヨン・シュール・セーヌ
ブドウ品種	シャルドネ
輸入元	ヴァンパッシオン　☎03-6402-5505

シャンパーニュに限りなく近い クレマン・ド・ブルゴーニュ

クレマンとは、泡がクリームのように口中に広がるという意味を持つ、瓶内二次発酵で造られたスパークリングワイン。ブルゴーニュ地方内ならば、どこで造ってもこの呼称を名乗ることができるので、夥《おびただ》しい数のクレマンが存在しているが、このシャティヨンは、シャンパーニュ地方から600メートルしか離れていない地区にあり、シャブリと同じキンメリジャン（牡蠣の化石を多く含む石灰岩）土壌の地。ここのシャルドネから造られるとミネラルと酸のキレの良い複雑な風味となる。造り手が農業組合と聞くと、貧弱なブドウから造っているのではないかと不安になるが、この組合は36人のブドウ栽培者（ヴィニュロン）が畑の管理や栽培にとても愛情を注いでいるので、ワインにテロワールが感じられる。クレマンは甘さが気になることが多いが、辛口だ。

5 *Domaine Roland Van Hecke Crémant de Bourgogne Brut Tradition*

ドメーヌ・ロラン・ヴァネック クレマン・ド・ブルゴーニュ ブリュット・トラディション

トースト、ミネラル、ジャスミン、柑橘系の香り、クリーミーな泡とともにレモンや青リンゴのフレーヴァーが広がりエレガント

貝類や白身魚の刺身やお鮨、天ぷらに塩とレモンを添えて

価格	¥2700
産地	フランス、ブルゴーニュ地方、グランセ・シュール・ウルス
ブドウ品種	ピノ・ノワール50%、シャルドネ50%
輸入元	ラフィネ ☎03-5779-0127

シャンパーニュに近い 澄んだ味わい

1991年にAOCの規定が変わり、ブルゴーニュの最北部のシャティヨンが認められたことから設立されたドメーヌ・ロラン・ヴァネック。ロラン氏はベルギーからの移民。ワイン造りにおいてはシャンパーニュの醸造コンサルタントがついていて、瓶詰めもシャンパーニュの瓶詰め業者が行っている。5ヘクタールの畑から収穫されるブドウの半分は、プレスして果汁の状態で協同組合に売却し、残りのブドウから年産1万本ほど造っている。ブドウは全て手摘みで行い、一番絞りのキュヴェ（通常は2番絞りも行う）のみからでき上がる高品質のクレマンだ。瓶内二次発酵からの熟成は20カ月とのことだが、大量生産で造られ、残糖分が多めのカジュアルなシャンパンよりははるかにおいしい。

6 *Celler Espelt Escuturit Brut Natural*

セラー・エスペルト エスクトゥリト・ブリュット・ナチュラル

> 砂糖漬けのレモンやオレンジにトースト香、フレッシュでピチピチとした泡と共に柑橘系の酸味がストレートに広がり爽やかな辛口
>
> 余韻に残る柚風味やレモンゼストはポン酢系料理や天ぷらにも合う

価格	¥2400
産地	スペイン、カタルーニャ地方
ブドウ品種	シャルドネ、マカベオ、チャレロ
輸入元	ワイナリー和泉屋　☎03-3963-3217

スポーティなスマート・カバ

カバは産地名ではなく、シャンパンと同様に瓶内二次発酵したスパークリングワインのこと。スペインの90%近くはバルセロナのあるカタルーニャで造られている。シャンパンと違う点は、スペインの土着品種の白ブドウのみが原料であったこと。近年はシャルドネもブレンドされるようになり、都会的になった。セラー・エスペルトは、バルセロナの北東に位置するエンポルダにあるワイナリーで、現在、父親の跡を継いだ娘のアナ・エスペルト氏がオーナー兼醸造家として活躍している。ラベルには、ハビエル・マリスカルがデザインしたバッレティナというカタルーニャの伝統的な赤帽子をキャラクター化したニノットが描かれていて見た目も味わいも情熱的。ワイナリー和泉屋が経営する池袋のワインバーの名も「エスペルト」。リゾート気分になれる。

7 *Rudi Pichler Grüner Veltliner Federspiel*

ルーディ・ピヒラー グリューナー・フェルトリーナー・フェーダーシュピール2010

ペールグリーン、新鮮なリンゴ、ミネラルとエキゾチックスパイス、ジューシーな果実味に溌剌とした鋭い酸味が豊かに広がり、余韻に岩塩

アワビの刺身やウニの軍艦巻きなどに

価格	¥2750
産地	オーストリア、ヴァッハウ地区
ブドウ品種	グリューナー・フェルトリーナー
輸入元	ヴォルテックス ☎03-5541-3223

瑞々しい透明感とミネラル

オーストリアの3分の1の生産量を誇るグリューナーは、グリーンという意味があるようにフレッシュでヴィヴィッドな酸味豊かな辛口なのが魅力的。特に、ドナウ河沿いのヴァッハウ地区は最上の産地であり、ヴァッハウ独自の格付けが存在するほどだ。アルコール度数が11%以下はシュタインフェーダー、11・5〜12・5%はフェーダーシュピール、12・5%以上はスマラクト（緑のトカゲ）というように。アルコールは、原料のブドウの糖度が果皮に付着している酵母菌によって分解されてできるので、熟度の高いブドウほどアルコール度数が高いワインとなる。スマラクト級になると残糖分がある中甘口もあるから要注意。ルーディのワインは、収穫の際に徹底的に貴腐果を取り除くことにより、シャープで透明感のある辛口にしている。

Mayer am Pfarrplatz Wiener Gemischter Satz

8 マイヤー・アム・プファールプラッツ ゲミシュター・サッツ2011

輝きのある黄緑色、ミネラルやリンゴを煮詰めたような甘美な香り、ボリュームがありミネラル感とピリッとした酸が利いた中辛口

白コショウとミネラル感がハム・ソーセージ等の前菜に合う

価格	¥2300　スクリューキャップ
産地	オーストリア、ウィーン
ブドウ品種	グリューナー・フェルトリーナー、リースリング、ツィアファンドラー、ロートギプフラー他
輸入元	モトックス　☎0120-344101

ウィーン名物 ゲミシュター・サッツ

ウィーンに１６８３年に設立されたマイヤーのワイナリーの敷地内には、ベートーベンが１８２４年に第九交響曲を作曲した「ベートーベンハウス」がある。ここはウィーンで最も有名なホイリゲだ。ホイリゲは、ワイナリーでできたての白濁しているような新酒のことだが、現在は自家製のワインを提供する居酒屋を意味している。ゲミシュター・サッツは、ひとつの畑に様々なブドウ品種をアットランダムに植え、まとめて収穫、醸造する方法。それぞれのブドウ品種は互いの個性を相殺しあう反面、土地の味わいが全面に現れるというもの。マイヤーは戦後に品質低下したウィーンのワインを守り続けた守護神的ワイナリーであり、２００８年から新栽培責任者を迎え劇的においしくなった。音楽愛好家のプレゼントにも喜ばれる。

9 Clemens Busch Riesling von grauen Shiefer

クレメンス・ブッシュ リースリング・フォン・グラウエン・シーファー2010

新鮮なレモンやデリシャスリンゴとピリッとしたミネラル感、繊細で複雑な果実味と潑剌とした酸味が非常に上品な中辛口

少し甘いので、大阪寿司や茶巾寿司にも合う

価格	¥4000
産地	ドイツ、モーゼル地方
ブドウ品種	リースリング
輸入元	ラシーヌ　☎03-5366-3931

灰色シーファーから生まれるリースリング

ドイツの2大銘醸産地は男性的なラインガウと女性的なモーゼル、と一般的に言われている。同じリースリングで造る白ワインでも、土壌の違いからモーゼルは優雅で繊細な味わいになる。ドイツの生産地域のなかでも、ライン河の支流であるモーゼル川沿いに拓かれた急勾配の畑は、人間にとって世界一労働が過酷。しかしながら、ブドウ栽培の北限の土地では、南向きの斜面は日照量が多く、川からの保温効果もありブドウは完熟できるのだ。また、モーゼルの土壌はシーファー（ウエハース状の粘板岩）から独特のスパイシーなミネラル感が生まれる。ブッシュは、高品質ワインを造りあげる上に、赤色・灰色・青色シーファー（地質年代が違う）から3種類のリースリングを造りテロワールを表現している。

10 *Kusuda Riesling*

クスダ リースリング2011

デリシャスリンゴや優美な白い花の香り、パキッとしたシャープな酸が非常に豊かなので、残糖7g/ℓの中辛口に仕立てバランスをとる

アワビの刺身やグリル、お鮨に合う

価格	¥3500　スクリューキャップ
産地	ニュージーランド、マーティンボロ地区
ブドウ品種	リースリング
輸入元	アサヒヤワインセラー　☎03-3951-6020

カリスマの挑戦、マーティンボロ

楠田浩之氏は、天才で芸術家、人並みはずれたパッションの持ち主で美食家でもある。大学を卒業後に富士通、外務省を経た後、大好きなワインを自ら造るためにドイツのガイゼンハイム大学で栽培・醸造を学ぶ。８年間は無収入で苦労したそうだが、強い意志を貫き、ピノ・ノワール最良の地と思われるマーティンボロに移住。コート・ドールでワインを造るよりも、新世界での挑戦がワインの真髄を理解していることを証明するとのこと。２００２年に初リリースのピノ・ノワールの評価は、世界トップクラスとなったが少量生産なので価格は９０００円だ。リースリングは２００９年に初めて造り、10年はメディアで大絶賛された。ワイン醸造は「シュールベルト・ワイナリー」で行っている。06年が初ヴィンテージの古木から造られるシラーも秀逸。

11 *Sato Riesling*

サトウ
リースリング2011

スズランや柑橘系フルーツの涼やかな香り、新鮮な風味と酸味が心地よく弾け、硬質でシャープなミネラルがエレガントに感じられる辛口

生牡蠣や白身魚の刺身をポン酢でいただくか、鯛や平目のお鮨などにも

価格	¥3400　スクリューキャップ
産地	ニュージーランド、セントラル・オタゴ地区
ブドウ品種	リースリング
輸入元	ヴィレッジ・セラーズ　☎0766-72-8680

セントラル・オタゴの希望の星

フランスとドイツの自然派ドメーヌで修業をした佐藤嘉晃氏ご夫妻は、ブドウが持つ本来のおいしさを追い求め、２００６年にセントラル・オタゴに移住した。２００９年に初めて自社ラベルでリースリングとピノ・ノワールをリリース。自社畑はまだ所有していないが、有機栽培かビオディナミのブドウを農家から購入して、できるだけ自然なワイン造りを目指している。たとえば、ブドウは半日かけて房ごと慎重にプレスし、自然酵母による発酵。醸造中に補糖、補酸、亜硫酸、清涼剤等の添加物を使用しない。手塩にかけて生み出す佐藤氏のワインは土地の個性を鏡のように反映した「テロワールのワイン」だ。また、毎年ヨーロッパで研修を重ねており、次回はイタリアのシチリアとフリウリに行き、尊敬する生産者の教えを請い研鑽を積むとのこと。

12 *Palliser Estate Martinborough Pinot Noir*

パリサー・エステート マーティンボロ・ピノ・ノワール2008

白桃にバタークリームを加えたようなリッチな香り、繊細な果実味とクリスピーな酸味のハーモニーがとてもエレガント

魚介やチキンのフライや天ぷら等に相性が良い

価格	¥4500　スクリューキャップ
産地	ニュージーランド、マーティンボロ地区
ブドウ品種	ピノ・ノワール
輸入元	ヴィレッジ・セラーズ　☎0766-72-8680

優美なブルゴーニュ風ワイン

１９８９年に設立されたパリサー・エステートは、マーティンボロの4大ワイナリーの一つとして有名。パリサーという名前は、北島南端のパリサー岬に由来している。チーフワインメーカーのアラン・ジョンソン氏はホークス・ベイで育ち、オーストラリアでワイン醸造を学んだ後4年ほどオーストラリアでワイン造りをしたが、ニュージランド（ＮＺ）の可能性に惹かれてパリサーで働くことになった。ここのソーヴィニヨン・ブランは有名だが、マーティンボロらしいエレガントなシャルドネやピノ・ノワールは魅力的だ。除梗したピノ・ノワールを野生酵母で発酵して造られ、常に安定感があり洗練度が高い。ワイナリーのセラードアには、フランスからＮＺに移住したアラン・ジョンソン氏の祖父母が写っている、ブドウ収穫風景の珍しい写真が飾られている。

13 *Penfolds Thomas Hyland Cool Climate Chardonnay*

ペンフォールズ
トーマス・ハイランド
クール・クライメット・シャルドネ2011

ペールグリーン色、フレッシュなリンゴや柑橘系フルーツコンポート、活き活きとした酸味とミネラルが優しく豊かに広がりシャブリ的

魚介類のサラダや野菜のフリットなどに

価格	¥2770（参考価格） スクリューキャップ
産地	オーストラリア、南オーストラリア
ブドウ品種	シャルドネ
輸入元	ファインズ ☎03-5745-2190

冷涼感溢れる
南のシャルドネ

冷涼産地から生まれる繊細でエレガントなワインがブームになっている昨今。オーストラリアでも非常に涼しげな白ワインが造られるようになった。フランスのシャブリのようなフリンティ（火打石）フレーヴァーがあり、酸のキレが良い。ペンフォールズでは「マルチ・リージョナル・ブレンド」という考え方を基本にし、国中の複数の地区や畑のブドウを冷蔵トラックでワイナリーまで運び、それぞれのコンセプトにあうワインを造っている。これは、アデレード・ヒルズやピカデリー・ヴァレーの標高の高い涼しい畑から収穫されたシャルドネとのこと。「トーマス・ハイランド」は、創業者ドクター・クリストファー・ペンフォールド氏の娘婿で、開拓精神が非常に強く、1914年までペンフォールズ社の経営に加わり大活躍したそうだ。

14 *Frog's Leap Sauvignon Blanc*

フロッグス・リープ ソーヴィニョン・ブラン2011

レモンやグレープフルーツ、ジャスミンの花やハーブの爽やかな香り、優しくふくよかな果実味と繊細で快活な酸味のバランスが良い

ニース風サラダや野菜の煮物などにも合う

価格	¥3900
産地	アメリカ、カリフォルニア州、ラザフォード
ブドウ品種	ソーヴィニョン・ブラン
輸入元	ラ・ラングドシェン ☎03-5825-1829

ナパ・ヴァレーの自然派ソーヴィニョン・ブラン

蛙の跳躍のラベルが可愛いフロッグス・リープは、1981年に設立された。アメリカで、本格的なソーヴィニョン・ブランを初めて造ったワイナリーとして有名だ。ジョン・ウィリアムズ氏が食用蛙の養殖場だった土地を買い、ワイン造りを始めた時から有機的な農法にこだわり健康的なブドウを育てていた。11年前に訪問した時は、すでにドライ・ファーミングも可能。土に微生物が多くフカフカだとブドウ樹の根は深く入り、地下水を吸い上げるので灌漑をしなくても大丈夫なのだ。樹は元気で勢いがあるゆえ、ブドウの持つポテンシャルを活かした、自然なワイン造りができる。ブドウをステンレスタンクで発酵・貯蔵するだけでも深みのある味わいが生まれる。フレッシュでクリスピーな酸と旨味が料理を引き立ててくれる。

15 *Foris Gewürztraminer*

フォリス
ゲヴュルツトラミネール2010

バラの香料、金木犀やライチの新鮮な香り、滑らかでボリュームがあり酸味はヴィヴィッドでジンジャースパイスや薬草風味の余韻が残る

豚肉のしょうが焼き、ベトナム風春巻きなどに

価格	¥1750
産地	アメリカ、オレゴン州、ログ・ヴァレー
ブドウ品種	ゲヴュルツトラミネール
輸入元	モトックス　☎0120-344101

オレゴンの香り高い黄色い薔薇

エキゾチックなフレーヴァーはアルザスを代表するアロマティックな品種のゲヴュルツトラミネール（ゲヴュルツは香料という意味）と同様。よく冷やして飲むとキリッとして活力を与えてくれる白ワインだ。オレゴン州は、ウィラメット・ヴァレーのピノ・ノワールが一般的に有名だが、フォリスのオーナーのガーバー氏は、カリフォルニア州境に近い南部にあるマイナーなワイン産地ログ・ヴァレーの可能性を信じて１９７１年に土地を購入した。標高の高い（４５０〜４８０メートル）冷涼だが何もない所に最初にブドウを植えて、試行錯誤を繰り返した結果、１９９０年代には西海岸で普及しているディジョン・クローンの苗木業者として成功をおさめた。自社ラベルでワインを販売したのは１９８６年からで、他にピノ・ノワールとリースリングがある。

16 *Isimbarda Riesling "Vigna Martina"*

イシンバルダ
リースリング
"ヴィーニャ・マルティナ"

黄金色、白い花、焼きリンゴ、蜂蜜、ミネラルの香り、とろりとした重厚な果実味、逞しいシャープな酸が全体を引き締め溌剌とした辛口

魚介のマリネ、赤座海老のグリルなどに

価格	¥3300
産地	イタリア、ロンバルディア州、オルトレポ・パヴェーゼ
ブドウ品種	リースリング・レナーノ
輸入元	AVICO ☎03-5771-7223

スズメバチが集まるアロマティックな畑

リースリング・レナーノは、ドイツのライン・リースリングと同品種で、北イタリア中心に広く栽培されている。通常は、花とリンゴとミネラルが薫る爽やか系のワインになるが、イシンバルダの場合は圧倒されるほど全ての要素が凝縮している。カンティーナの名前は、17世紀末に畑のある地区一帯の領主であったイシンバルディ公爵家に由来。ゆっくりと時間をかけて完熟したブドウから造られると、濃厚な果実味にミネラル感と酸による骨組みが加わり迫力が出る上エレガンスもある。ヴィーニャ・マルティナは、リースリング・レナーノにとっては最高の畑と言われ、風通しの良い斜面にあり、スズメバチが多くいたことから従業員達がVigna dei Martine（スズメバチの畑の意）と呼んでいた。この方言マルティネがマルティナに変わったそうだ。

17 *Ramón Balbio Monte Blanco*

ラモン・バルビオ
モンテ・ブランコ2010

フレッシュなグレープフルーツやメロンの香り、まったりとした果実味に柑橘系の酸が調和、とてもジューシーなのにコクがある

生ハムのサラダ、バーニャカウダなどに

価格	¥1800
産地	スペイン、カスティーリャ・イ・レオン地方、ルエダ
ブドウ品種	ベルデホ
輸入元	ユニオンリカーズ　☎03-5510-2684

新鮮味とコクの調和

スペインのブドウから造られる白ワインは爽やかさだけではなく、厚みとアーモンドのようなコクがあるのが魅力的だ。ベルデホは、ガリシアの南東に位置するルエダ地区を代表するブドウ品種。ルエダは、広大な穀物畑があることから「スペインのパン籠」と呼ばれている、乾燥した暑い地域だ。冷涼なガリシア地方のアルバリーニョのような繊細さは少ないが、コクがしっかりあるのでスパークリング・ワインに仕立てられると重厚に、樽熟成をしたベルデホはシャルドネのようにリッチな味わいになる。ラモン・バルビオの場合は、フレッシュな酸を大切にするために、気温の低い夜にブドウを収穫し、ステンレスタンクで低温発酵をする。洗練された造りなので、余韻には生の果物のような新鮮なフレーヴァーが残る。

18 *Bodegas Forjas del Salnes Leirana Albariño*

ボデガス・フォルハス・デル・サルネス レイラーナ・アルバリーニョ2009

凝縮した焼きリンゴや洋梨のコンフィの香り、濃密な果実味と引き締まった酸味のストラクチュアがありスケールが大きい

白でも力強い味わいなので、イベリコ豚の生ハムや羊乳チーズのマンチェゴに

価格	¥3600
産地	スペイン、ガリシア地方、リアス・バイシャス地区
ブドウ品種	アルバリーニョ
輸入元	ワイナリー和泉屋　☎03-3963-3217

迫力満点のリアス・バイシャス

スペインで最も高級な白ワインは、イベリア半島の北西部に位置する冷涼なガリシア地方の土着品種アルバリーニョから造られるリアス・バイシャスだ。しかし、少し近年までは伝統的というだけで、酸味の強いシンプルなワインばかりであった。が、伝説のレストラン、エル・ブジやモダン・スペイン料理の人気の影響もあって洗練され、今や世界中でもてはやされている。中でも、レイラーナほどのパワーとフィネスがあるものは他には見つからない。パワーの秘密は、このボデガス（ワイナリー）のオーナーであるロドリゴ・メンデス・アロサ氏が所有する古木の畑から渾身の高品質ワインが造られているため。２００８年ヴィンテージからは、樹齢２００年を超えるアルバリーニョも加えられるようになり、目標とする長期熟成も可能になりそうだ。

19 *Lusco Albariño*

ルスコ
アルバリーニョ2009

パッションフルーツやピーチの溌剌とした香り、たっぷりとした果実味とフレッシュな酸味が軽快でいてコクのある上品な味わい

シンプルなサラダから海老のチリソースのようなスパイシーフードにも合う

価格	¥3300
産地	スペイン、ガリシア地方、リアス・バイシャス地区
ブドウ品種	アルバリーニョ
輸入元	ミレジム ☎03-3233-3801

ドライで芳醇、都会的なリアス・バイシャス

とても洗練された魅力的な辛口だ。ルスコは１９９６年に設立された。オーナーのホセ・アントニオ・ロペス氏は、20年以上にわたって辛口で上質なアルバリーニョを造るために貢献した第一人者。１９８０年代初期に、南東向きの風通しのよい段々畑を購入し、畑仕事に力をいれた。ガリシア地方は大西洋の影響で年間平均気温14度、降雨量１５００ミリと、スペインの中で最も気温が低く雨量が多い。しかし、近年は著しく品質向上している地域ルスコでロペス氏は、低収量によってエキスが凝縮された健全なブドウからフレッシュ&フルーティなワインを造った。房ごとプレスして、天然酵母で発酵しているので、土地のミネラルも感じられる。ボリュームがあるのに繊細、バランスが優れているので料理は何でも良さそう。

20 *Aruga Blanca Viganal Isehara*

勝沼醸造
アルガ・ブランカ
ヴィニャル・イセハラ2011

淡いグリーンがかった黄色、グレープフルーツ、白い花やハーブの爽やかな香り、滑らかで優しいアタック、きれいな果実実と酸が余韻に残る

やや辛口、鮎の塩焼きやサーモンのハーブ焼きに

価格	¥2600
産地	山梨県、笛吹市御坂町
ブドウ品種	甲州
醸造元	勝沼醸造株式会社　☎0553-44-0069

御坂町のシングル・ヴィンヤード　イセハラ

イセハラは伊勢原の単一畑、１・８ヘクタールの畑から１８０００本造られている。華やかな香りとふくよかな果実味が魅力的。勝沼醸造は、日本の固有品種の甲州から、世界トップレベルのワインを造るため、契約農家の協力を得ようと凄まじい努力を重ね、高品質なブドウを得ている。良いエリアを特定し、そこのブドウ生産農家を大切にし、ワインはエリア別に小さいタンクで仕込むそうだ。イセハラは風間正文氏が単独所有している畑。川が近く砂利の多い特殊な土壌なので、水はけが良く根が深く入るため、ブドウが充実する。一番絞りの果汁のみを使用し、ステンレスタンクで発酵・貯蔵するという製法により、ストレートにテロワールを表現している。ボルドーにも毎年３０００本輸出しており評価は高い。２００４年が初ヴィンテージ。

21 *Cuvée Misawa Koshu V.S.P.*

中央葡萄酒　ミサワワイナリー
キュヴェ三澤
甲州　垣根仕立2010

柑橘系フルーツや白い花の香り、完熟した果実味が力強く広がり酸とのバランスが絶妙な辛口。甲州の特徴である収斂性がほとんどない

余韻が非常に長いので旬の野菜や魚料理に合う

価格	¥4000（参考価格）
産地	山梨県、北杜市明野町
ブドウ品種	甲州
醸造元	中央葡萄酒ミサワワイナリー　☎0551-25-4485

究極の甲州ワイン

甲州ブドウは、一般的な棚栽培では１本の樹に５００房ほど実をつけるので１ヘクタールあたり１５０００リットルの収量がある。ヨーロッパ式に垣根栽培にすると７０００リットルと半分以下になり、その分エキスが凝縮されて複雑性が現れる。ミサワワイナリーは長野県の近く標高７００メートルの日本一日照量の多い明野地区に、２００２年に12ヘクタールの畑を拓き、秀逸なシャルドネやメルロ等を栽培している。また、垣根栽培の甲州は２００５年に植樹、２０１０年ヴィンテージが１０００本ほどリリースされた時に飲んでみると、樹齢が若いことや、補糖・補酸なしで造られているにもかかわらず、パワーがあるのに皆驚いた。完熟ブドウを摘み、残糖分がない辛口造りは圧巻だ。三澤茂計氏は常に革新と行動力で日本ワインを牽引している。

22 *Couly-Dutheil Saumur Blanc Les Moulins de Turquant*

クーリー・デュテイユ ソミュール・ブラン レ・ムーラン・ド・トゥルカン2010

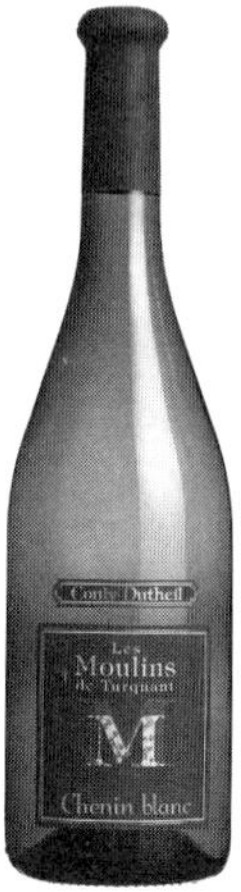

輝きのある黄色、焼きリンゴや花梨のコンポート、ミネラルの香り、フレッシュな酸とジューシーさが力強く広がる中辛口

白身魚や海老のグリルにレモンを添えて。八宝菜など中華料理にも合う

価格	¥1890
産地	フランス、ロワール地方、アンジュ・ソミュール地区
ブドウ品種	シュナン・ブラン
輸入元	アルカン ☎03-3664-6591

ロワールのフレッシュでグラマラスな白

冷涼なロワール地方の白ワインとは思えないほど、インパクトのある濃厚さが感じられる白ワインだ。少し残糖分があるけれど、シャープな酸味がしっかりとしているので丁度良いのかもしれない。ソミュールで栽培されている白ブドウのシュナン・ブランは、白ワインとして酸があまりにも強過ぎる場合は、シャンパーニュのように発泡性のスパークリングワインにすることが多い。このワインのブドウは、完熟した良いブドウから造るため、濃縮感とパワーがある。ロワールで最も長期熟成に向く高級赤ワイン「シノン・クロ・ド・レコー」の造り手のクーリー・デュテイユ社の共同経営者であり、栽培責任者のジェローム・ルモワン氏が１９９６年から運営しているのが、レ・ムーラン・ド・トゥルカン。畑仕事に力をいれているようだ。

23 *Domaine Gerard Boulay Sancerre Blanc*

ドメーヌ・ジェラール・ブレ サンセール・ブラン2009

熟したレモンやグレープフルーツの瑞々しさとミネラルの香り、たっぷりとした果実味が複雑に繊細に広がりきれいな酸味との調和が上品

平目や鯛のカルパッチョ香草風味、アサリのワイン蒸しに

価格	¥3500
産地	フランス、ロワール地方、中央フランス地区
ブドウ品種	ソーヴィニョン・ブラン
輸入元	ラフィネ ☎03-5779-0127

シャヴィニョル村のサンセール

ソーヴィニョン・ブランで造られる白ワインで一番有名なのはサンセールだ。サンセールの赤はピノ・ノワールで造られる軽快なタイプだが、白は生産者によっては感動的なものが多く存在する。また、サンセールの白の中には、果実味のボリュームがあるシャヴィニョル村産と鋼のようなミネラル感のあるビュエ村産のものがある。ブレはシャヴィニョル村に古くからあるドメーヌで、畑の管理はビオディナミと同様に行っているが、「ビオ」という言葉が嫌いなようで「自然」農法と強調している。発酵は天然酵母のみでステンレスタンクで行い、約18カ月前後熟成させてから瓶詰めする。この村の名産の山羊乳チーズ「クロタン・ド・シャヴィニョル」の若くて酸味が強いものにはサンセールの白がパーフェクトに合う。

24 *Domaine Sécher Muscadet de Sèvere et Maine sur lie "Clos des Bourguignon"*

ドメーヌ・セシェ　ミュスカデ・ド・セーヴル・エ・メーヌ・シュール・リー"クロ・デ・ブルギニヨン"2010

ペールグリーンを呈し、清涼感の強い青リンゴやスズランの清らかな香り、果実味のボリュームとキレの良いリンゴ酸が活き活きとしている

ミネラルの輪郭がくっきりしているので、白身魚の刺身や蒸し野菜等にポン酢で

価格	¥1800
産地	フランス、ロワール地方、ナント地区
ブドウ品種	ミュスカデ
輸入元	ヴァンパッシオン　☎03-6402-5505

ロワールのムロン・ド・ブルゴーニュ(ミュスカデ)伝説が生まれた畑

ロワール河の下流にあるナント市近辺で造られているミュスカデの最高級品。ドメーヌ・セシェは、1650年から続く家系で、1710年代にロワールでムロン・ド・ブルゴーニュ（別名ミュスカデ）を植えたという記録が残っている。丘の斜面にある「クロ・デ・ブルギニヨン」は、その伝説の畑だ。石灰岩が多くブルゴーニュの土壌に似ていることから、耐寒性のあるこの品種が植樹された。ムロン・ド・ブルゴーニュはブルゴーニュ原産のムロン（ブドウ）であるが、ブルゴーニュでは現在栽培されておらず、フランスではナント地区の特産品となっている。通常のミュスカデは、レモン風味の薄っぺらい白ワインだが、セシェ家は20年以上も有機栽培を行っている畑のブドウから丁寧に造るので、厚みがあってとても上品。

25 *Nicolas Rouget Bourgogne Aligoté Les Genevrays*

ニコラ・ルジェ ブルゴーニュ・アリゴテ レ・ジュヌヴレ2009

フレッシュな柑橘系フルーツの清廉な香り、爽やかなレモンやライムの果肉のようなピュアさと引き締まったミネラル感が上品に広がる

生牡蠣や甲殻類のマリネなどに

価格	¥2000
産地	フランス、ブルゴーニュ地方
ブドウ品種	アリゴテ
輸入元	フィネス　☎03-5777-1468

アリゴテはラビットワインではなかった

ワインの神様と呼ばれるアンリ・ジャイエの甥、エマニュエル・ルジェ氏の長男ニコラ氏が２００５年から造るアリゴテ。ニコラ氏は父親とメオ・カミュゼのドメーヌで修業後、この白ワインと少量の赤ワインを父親のドメーヌで醸造している。アリゴテは１９８５年に父親がシャンボール・ミュジニ村の東にあるジリィ・レ・シトー村の区画に植えたもので、樹齢は20年以上になる。ブルゴーニュでは昔、斜面の中腹から平地にシャルドネを植樹し、標高の高い所にアリゴテを植樹していたとのこと。酸味が強すぎるので、飛び上がるほど酸っぱい「ラビットワイン」と呼ばれていた。しかし、最近ではドメーヌ・ポンソ、ドメーヌ・ルロワが造る秀逸な深みのあるアリゴテによって人気が出てきている。リフレッシュには最適だ。

26 *Domaine Thierry Drouin Macon Vergisson La Roche*

ドメーヌ・ティエリー・ドルーアン マコン・ヴェルジソン・ラ・ロッシュ2009

洋梨や黄桃、石のようなミネラルの香り、フルーティでボリュームがあり酸味とアルコールが調和していて品が良い

白身魚や海老のグリルにレモンを添えて。鍋物にも合う

価格	¥2800
産地	フランス、ブルゴーニュ地方、マコネ地区
ブドウ品種	シャルドネ
輸入元	ラフィネ ☎03-5779-0127

飽きのこない魅力のマコン・ヴェルジソン

マコネ地区はコート・ドール地区より南に位置しているので、シャルドネがよく育つ。ここはシャルドネの栽培比率が90％もある白ワイン産地だ。この地区では「プイィ・フュイッセ」という銘柄が最高級品だが、このプイィ・フュイッセの村々の中のひとつ「ヴェルジソン」は、ミネラル豊かな石灰質土壌をもつ最上の村と言われている。斜面上部の標高の高い位置に畑があるため収穫期が長く、スケールの大きいワインが生まれる。ドメーヌの3代目ティエリー氏は、１９８８年に当主になってから、積極的に設備投資などを行い95年からは安定した高品質なワインを造るようになった。マコネでは珍しく化学肥料は使用せず、農作業の多くは手作業。畑ごとに醸造・瓶詰めを行い、畑の個性を尊重している。２００４年にはマコンの品評会で第一位に選ばれた。

27 *Domaine Cordier Père et Fils Bourgogne Blanc Jean de la Vigne*

ドメーヌ・コルディエ・ペール・エ・フィス ブルゴーニュ・ブラン ジャン・ド・ラ・ヴィーニュ2010

白桃、白い花、クリーム、トースティな香り、優しい果実味と繊細なミネラル感が鮮やかに広がりバランスが良く、余韻が長い

平目のムニエル、帆立のバター焼きなどに合う

価格	¥3500
産地	フランス、ブルゴーニュ地方、プイィ・フュイッセ
ブドウ品種	シャルドネ
輸入元	エスプリデュヴァン ☎045-910-5780

ピュリニのような透明感とエレガンス

ブルゴーニュとラベルにあると、全6地区あるうちのどこなのかわからないので、ドメーヌの情報は常に必要だ。コルディエについて、ロバート・パーカーが最高ランクの5つ星生産者と評価し、他のメディアの間でもマコネ地区のワインとは思えないほど複雑で深みがあると言われている。マコネ地区のプイィ・フュイッセには、ピュリニやムルソーと似た石灰質の強い土壌もあるので、ルフレーヴやコント・ラフォン等のスーパードメーヌがマコネ地区に進出して話題になっている。コルディエ氏の話によると、ジャン・ド・ラ・ヴィーニュ畑は、息子の名前を冠しており、彼の栄誉のために美しいワインを造りたいとのこと。畑と醸造所で丁寧な仕事をしているというのは、飲めばすぐ理解できる。

28 *Domaine des Terres de Vell Bourgogne Chardonnay*

ドメーヌ・デ・テール・ド・ヴェル ブルゴーニュ・シャルドネ

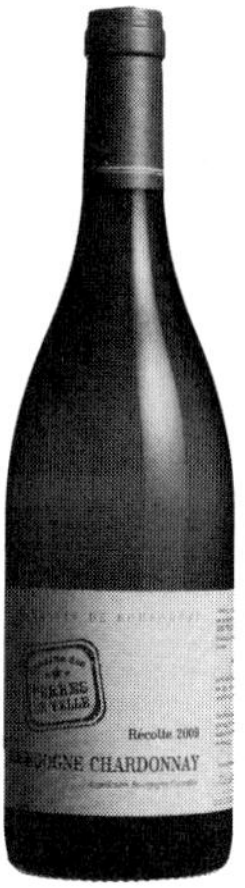

香りが徐々に華やかになる、フローラルで白桃やポップコーンのような香ばしさとミネラル感、ピュリニ的上品さとストラクチュアがある

海の幸のマリネや伊勢海老のグリルに

価格	¥2800
産地	フランス、ブルゴーニュ地方
ブドウ品種	シャルドネ
輸入元	ヴァンパッシオン　☎03-6402-5505

日本人栽培家が活躍する畑

ブルゴーニュでは現在、ドメーヌの世代交代が盛んな時期であり、醸造設備の刷新や畑の有機栽培化によってワインの品質は向上している。また、ボルドーと同様に海外の投資家により創業するケースが最近増えてきている。ドメーヌ・デ・テール・ド・ヴェルはスイス人投資家が２００９年に設立し、アレックス&ガンバルの醸造家であったソフィーとファブリス・ラロンツ氏にワイン造りを任せた。ブドウ栽培は日本人の橋本淳二氏が担当し、約５ヘクタールの畑は可能な限り自然な農法を実践しているとのこと。このワインのブドウは、ムルソー村とピュリニ村の畑に囲まれた区画で育てられたので、華やかなミネラル感に加えリッチなコクがある。自然酵母で小樽発酵、12カ月後に無清澄・無濾過で瓶詰めされる。

29 *Chanson Père et Fils Beaune 1er Cru Bastion*

シャンソン・ペール・エ・フィス ボーヌ・プルミエ・クリュ・バスティオン2009

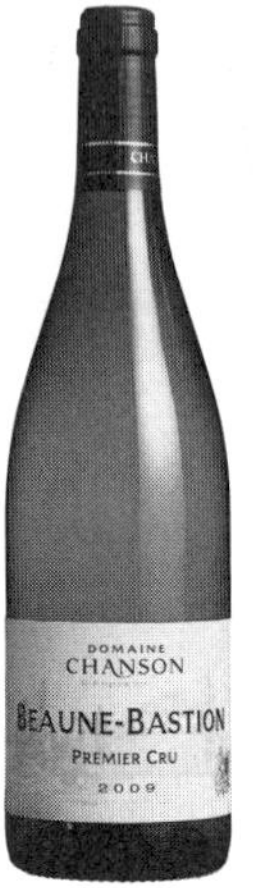

ビスケットやナッツに加え白桃のような繊細な香り、肉付きの良いピュアな果実味とミネラルと酸の調和が余韻に長く、上品でリッチ

フカヒレの姿煮、寄せ鍋にも合う

価格	¥3990
産地	フランス、ブルゴーニュ地方、コート・ド・ボーヌ地区
ブドウ品種	シャルドネ
輸入元	アルカン ☎03-3664-6591

大ネゴシアンの歴史的要塞ワイン

シャンソンは、ブルゴーニュワインの心臓部であるボーヌに1750年に設立された大ネゴシアン。ワイン名に冠されているバスティオンは要塞という意味で、シャンソンがフランス革命後の1794年にワインの樽やボトルを熟成するためのカーヴとして購入した。壁の厚さが7～15メートルもある巨大な要塞は、フランス初のルネッサンス君主と評される王様フランソワ1世が、敵からの攻撃を打破するために作ったものだが、温度が一定で湿度は近くに小川が流れていることによって保たれ、ワイン熟成には理想的だ。現在は空調設備が整っている。1999年にボランジェ・グループの傘下となり、畑や醸造設備は改良され劇的に品質アップ。ボーヌにあるいくつかの1級畑のシャルドネをバランスよくブレンドしたのがバスティオン。

30 *Domaine Simon Bize et Fils Bourgogne Champlains*

ドメーヌ・シモン・ビーズ・エ・フィス ブルゴーニュ レ・シャンプラン2009

清廉な白い花や桃にミネラルの香り、ピュアな果実味の中に芯のある繊細な酸とミネラルが心地よく広がりチャーミング

白身魚の塩焼き、ジャガイモのチーズ焼き、チーズフォンデュに

価格	¥3100
産地	フランス、ブルゴーニュ地方、コート・ド・ボーヌ地区
ブドウ品種	シャルドネ
輸入元	ラック・コーポレーション ☎03-3586-7501

ブルゴーニュと日本の架け橋

清楚ながらも情熱的なワインを生むサヴィニ・レ・ボーヌ村では、赤・白ともに秀逸なワインが存在する。サヴィニ村に居を構えるパトリック・ビーズ氏は、ドメーヌ・シモン・ビーズの4代目当主。1998年に日本女性の千砂さんと結婚後、伝統を踏襲しつつ意欲的に改善を行い、彼独自の世界観のあるワインを造っている。千砂さんは、ブルゴーニュのドメーヌ達と共に日本で定期的にイベントを行う。白ワイン造りに関しては、単純だからこそ、細かい点に注意する必要がある。たとえばブドウの絞り具合は、ブドウのサイズや果皮の厚さによって毎年異なる。小樽で発酵させるためには、ひとつひとつ温度や比重を管理する必要がある。シャンプランのブドウは、表土の厚い斜面の畑で育っているので、上級の畑のものより瑞々しく親しみやすい。

31 *Domaine des Baumard Crémant de Loire Rosé Brut*

ドメーヌ・デ・ボマール クレマン・ド・ロワール・ロゼ・ブリュット

淡いコーラル・ピンク、香りはビスケットやチェリーのコンポート、クリーミーでフルーティ、爽やかで繊細な酸が活き活きとした辛口

湯豆腐や鯛のしゃぶしゃぶなどポン酢に合う

価格	￥3000
産地	フランス、ロワール地方、アンジュ地区
ブドウ品種	カベルネ・フラン主体、グロロー
輸入元	豊通食料　☎03－4306－8539

花の都アンジェのバラ色のクレマン

ロワール河流域に広がるワイン産地の中で、アンジュ地区はロゼ・ダンジュという中甘口のロゼワインと極甘口の貴腐ワインが有名な地域。しかし、近年の健康志向から甘口の人気は衰え、ロゼワインは徐々に辛口が増えてきている。クレマンは、シャンパーニュ地方と同様に瓶内二次発酵により造られるスパークリングワイン。ロワール地方全域にあり、白はシュナン・ブラン、ロゼはカベルネ・フランというように土地原産のブドウを使用する。ドメーヌ・デ・ボマールは先々代がロシュフォールの町でカフェを経営し、そこで提供するワインのためにブドウ栽培を始めたのが礎。先代がワイン専業となり、1987年から現当主のフローラン氏が運営している。貴腐ワインの評価が非常に高く、またクレマンはドライで洗練されているので食事に合う。

Column

ニュージーランドワインの躍進

ニュージーランドは世界で最も南に位置するワイン産地。ワインのニューワールドの中では珍しい寒冷地ですが、世界最新のブドウ栽培や醸造技術が入ってきたことによって、この30年間で急激に品質向上しました。現在の国際ワイン市場は、豊かな酸を備えたエレガントなスタイルのニュージーランドワインに最も注目しています。

国土は日本の8割ほどの大きさで、北島と南島に分かれています。南極に近い島国は、「1日に四季がある」と言われるほど1日の気温差が激しく、また、海洋性気候なので降雨量は多いのですが、陽射しが非常に強く、紫外線量が日本の7倍ほどあります。ワイン産地は島の東側に位置しているため、雨雲が西の方から流れてきても、島の西側にある山脈によって遮られ、意外と乾燥しており畑には灌漑設備が施されています。

マオリ族が来るまでは「鳥の楽園」であったニュージーランドにワイン造りを初めて伝えたのは、１８３６年にオーストラリアから渡ってきたイギリス人のジェームズ・ハズビーです。しかしながら、食事中に楽しむスティル・ワイン（泡のない普通ワイン）が一般的になったのは、第二次世界大戦後。それまではオーストラリアと同様に、ワインと言ってもシェリーやポートのような酒精強化ワインや甘口ワインが主流でした。

マールボロ、ドッグ・ポイントではオーバーネットを使用。2012年はラ・ニーニャの影響で寒くなり、収穫時期が２週間以上遅れた。

世界レベルの辛口ワインが登場したのは、1985年。南島のマールボロ地区に「クラウディ・ベイ」が設立され、フレッシュでヴィヴィッド、そして酸が豊かなソーヴィニヨン・ブランがリリースされてからです。一躍スター産地の仲間入りをしたマールボロは、それ以降、栽培面積は劇的に増加し続け、現在では全島の半分以上も占めます。

その後、マーティンボロやセントラル・オタゴで造られる優雅なピノ・ノワールも注目されるようになり、世界中から多くのピノ・ノワール愛好家がニュージーランドに移住して、高品質なピノ・ノワールを造るために奮闘しています。

地名やワイン名に、先住民であったマオリの言葉が多く使われています。たとえば、「ワイラウパ」はワイが水、ララパは光り輝くという意味で

「キラキラした水」のことです。

大自然に囲まれたニュージーランドは鳥の数が非常に多く、ブドウが熟してくると全部食べられてしまうので、必ず鳥よけのネットがブドウ樹に掛けられます。全体を覆うオーバーネット、ブドウのある位置だけをカバーするサイドネット等、種類も豊富で風通しが良いように工夫されています。

ワイン法は、ニュージーランド食品衛生安全局が管理しており、２００７年から、ブドウ品種と収穫年をラベルに表記する場合は85％以上含まれていないといけないという規制があります。スクリューキャップは21世紀に入ってから急速に普及して、今では90％ほどに切り替わっていますが、一部の長期熟成を目的としているワイナリーでは、コルク栓を使用しています。

マールボロについて

ニュージーランドワインを一躍有名にしたのは、マールボロ地区のソーヴィニヨン・ブランです。南島の北端ブレナムの町の周りに広がるマールボロ地区は、規模は小さいながら、今やナパ・ヴァレーのように観光客が集まるニュージーランド最大のワインカ

マールボロ、チャートンのソーヴィニョン・ブランの畑。黒いサイド・ネットがブドウ房がある部分を帯のように覆っている。

ントリーになりました。この地は西側の山脈によって雨雲がプロテクトされるせいで、特別陽射しが強く全国一日照量が多く、降雨量は少ないのです。また、南からの冷風を受け、1日の寒暖の差が25度もあるほど激しいので、ゆっくりとブドウが熟し繊細な酸がキープされます。その上、天気が良い日が続くため完熟度は高くなります。一般的に砂利質にはソーヴィニヨン・ブラン、粘土質にはピノ・ノワールが植樹されています。

1985年にリリースされた「クラウディ・ベイ」のソーヴィニヨン・ブランは、本家のフランス、ロワール地方の白ワインよりも鮮やかな柑橘系フルーツとミネラル感に溢れていると、世界中が衝撃を受けました。それ以降、マールボロスタイルのソーヴィニヨンとは、酸の活き活きした辛口を意味するようになりました。評判の良いマールボロのピノ・ノワールは、マーティンボロよりもややボリュームがあるものが多いのが特徴です。芳醇なタイプのシャルドネも多く造られています。

マーティンボロについて

ピノ・ノワールの産地として最初に世界中の注目を浴びたマーティンボロ。北島にある首都ウエリントンから車で1時間ほど東に行くと、ブドウ栽培の理想郷のような地域があります。１９８０年頃に設立された老舗３大ワイナリー（アタ・ランギ、マーティンボロ・ヴィンヤード、ドライ・リヴァー）は現在もトップブランドとして高品質ワインを造っています。１９９０年代に新規ワイナリーが続々と参入し、今では50ほどになりました。最高級品のみ造る「ドライ・リヴァー」のドクター・ニール・マッカラン（２０11年に引退）の話によると、１９７０年代にブドウ栽培に適した土地の調査を科学者と共に行い、50カ所の土地を地下深く掘り分析した結果、アルザスやブルゴーニュに近いこの地を選んだとのこと。現在は、ここ以外にはメルロとシラーに適したホークス・ベイに注目しているそうです。

ブドウ栽培は、氷河の後に川が流れて運ばれた砂利質の多い土壌にはソーヴィニヨ

マーティンボロ、アタ・ランギのピノ・ノワール畑。エイベル・クローンの非常に小さな房を、オーバーネットの中に入って撮影。

ン・ブラン、斜面の粘土質の多い土地にはピノ・ノワールを植樹しています。海洋性気候ですが、西側にある山脈が雨雲を遮るので乾燥して雨が少なく日照量は多くなります。また、厳しい寒暖の差に加え、春の花が咲く時季に風が強く吹くので結実不良が起きやすいとのこと。そのため自然に収穫量は減少し、小粒で種のないエキスの凝縮したブドウから高品質なワインを造ることができます。「ブドウの花が咲いてから１００日で収穫」という常識をはるかに超え、１５０日もかけて成熟するブドウはテロワールを力強く表現します。

　マーティンボロから生まれるピノ・ノワールは、ニュージーランドで最も繊細なタイプでブルゴーニュに近いと言われています。また、シャルドネも上質なものが多く、各ワイナリーでは他に、辛口ソーヴィニヨン・ブラン、アルザス風のリースリングやピノ・グリも少量造っています。

セントラル・オタゴについて

ニュージーランドの南島の南方に位置し、最も高緯度の南緯45度に位置するセントラル・オタゴ。近年多少気候の変化が見られるとはいえ、ワイン産地としては唯一大陸性気候のため冬は寒さが厳しく、夏は暑い地域です。また、ブドウの生育期の昼夜の寒暖の差が大きく、夏には20度以上になります。年間降雨量は３００〜４００ミリと非常に少なく、空気が乾燥しており病害が少ないので、有機栽培やビオディナミ農法など農薬に依存しないブドウ栽培を実践しやすい地域です。

セントラル・オタゴの土壌は、氷河期の後に氷河が押し流した硬い砂岩や、大きな氷河に地表が押しつぶされてできたシスト（片岩）やクオーツ、また、これらが風化したレス（黄土）などによって形成され、水はけは良くミネラルが豊富です。

マーティンボロとピノ・ノワールのトップ争いをしていますが、こちらは繊細というよりもどっしりとしたパワフルなタイプが多く、力強いリースリングも成功しています。

第4章

毎日のお家ワイン
心温まる家庭料理と合わせる

32 *Dog Point Section94 Sauvignon Blanc*

ドッグ・ポイント セクション94 ソーヴィニョン・ブラン2009

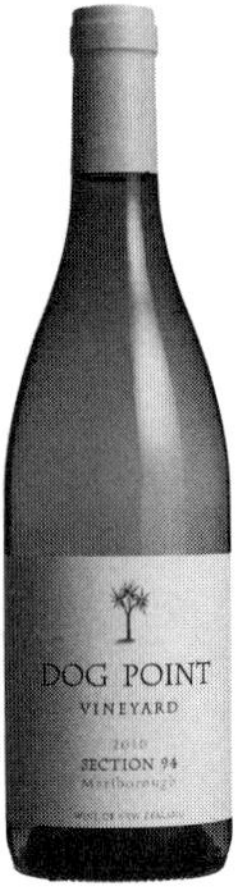

オレンジやグレープフルーツ、香木の香り、凝縮した果実味が力強く広がり、シトラス風味と芯のあるミネラル感のある余韻は圧巻

スモークサーモン、アワビの蒸し焼き、焼き牡蠣などに

価格	¥4500
産地	ニュージーランド、マールボロ地区
ブドウ品種	ソーヴィニヨン・ブラン
輸入元	ジェロボーム ☎03-5786-3280

マールボロの最高峰 ソーヴィニョン・ブラン

ドッグ・ポイントの初ヴィンテージは２００２年。クラウディ・ベイの元ブドウ栽培者アイヴァン・サザーランド氏と元チーフワインメーカーのジェイムス・ヒーリー氏が設立。02年はクラウディ・ベイで醸造した。今でも一部クラウディ・ベイの「テコ」用にブドウを販売。美しい畑の古い地層は、氷河の堆積物である砂利、粘土、シスト、ローム層等からなる。砂利の多い平地にはソーヴィニョンとシャルドネ、粘土の多い斜面にはピノ・ノワールが植えられている。また、収穫する際、全てのブドウを手摘みするので機械収穫よりも健全で完熟している。ソーヴィニョンは2タイプあり、フレッシュ&クリーンタイプのボトルはスクリューキャップ。天然酵母１００％、小樽で発酵、18カ月熟成させるセクション94（区画名）はコルク栓を使用している。

33 *Ata Rangi Craighall Chardonnay*

アタ・ランギ クレイグホール・シャルドネ 2009

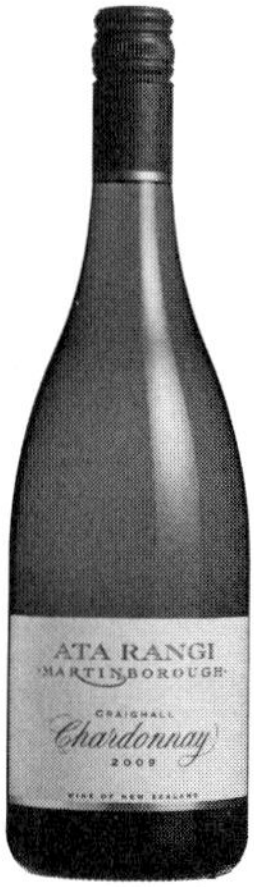

凝縮した黄桃やネクタリンのような果実味やローストナッツの香りと味わい。非常に滑らかでパワーがあり余韻がとても長い

チキンやポーク、甲殻類のグラタンにもぴったり

価格	¥5600　スクリューキャップ
産地	ニュージーランド、マーティンボロ地区
ブドウ品種	シャルドネ
輸入元	ヴィレッジ・セラーズ　☎0766-72-8680

ニュージーランドの ムルソー・ジュヌヴリエール

アタ・ランギはマオリ語で「夜明け、新しい始まり」という意味があり、クライヴ・ペイトン氏はマーティンボロの開拓者の一人として有名だ。1980年当時、羊の牧場だった土地にピノ・ノワールを植えてスタートした。現在ピノの栽培比率が60％、白はシャルドネ、最近流行のピノ・グリ、ソーヴィニョン・ブランと続く。ここのピノの評価の高さはエーベル・クローンの伝説と共に話題の的だ。「エーベル氏がロマネ・コンティ社の畑から採取した枝をゴム長靴に隠してNZに持ち込んだが、税関で没収され、その後アタ・ランギに植えられた」。他のクローンよりも小粒で高品質のようだ。その上、この畑はフィロキセラ（アメリカ東海岸がルーツのブドウ根油虫）に犯されず、接ぎ木していない。クレイグホールのシャルドネはメンドーサ・クローン。

34 *Felton Road Chardonnay Elms*

フェルトン・ロード シャルドネ・エルムズ2011

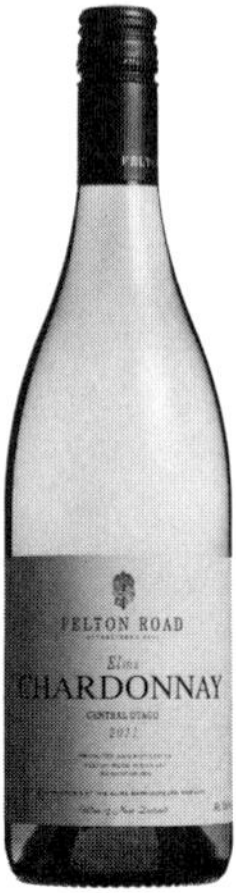

柑橘系フルーツの清々しさとパイナップルの甘さが同居した香り、ピュアな果実味が力強く広がりボリュームがあり溌剌とした酸も豊か

蟹クリームコロッケやクリームシチューに

価格	¥4200　スクリューキャップ
産地	ニュージーランド、セントラル・オタゴ地区
ブドウ品種	シャルドネ
輸入元	ヴィレッジ・セラーズ　☎0766-72-8680

世界最南端のシャルドネ

セントラル・オタゴのピノ・ノワールを世界的に有名にしたフェルトン・ロード。スチュアート・エルムズ氏が１９９２年に設立した当時からエルムズ畑はあるが、最初はブドウを他社に売るのみであった。１９９７年にワイナリーを建て、ブレア・ウォルター氏がワインメーカーとしてワイン造りをするようになってから世界中から注目されるようになる。現在はイギリス人のナイジェル・グリーニング氏がオーナーだ。リースリングはドイツ風、酸が強烈で少し残糖があるタイプ。サトウ・ワインズの佐藤嘉晃氏は２００６年から２００９年までここで働き、恭子夫人は現在も畑のスーパーバイザーをしている。ビオディナミ農法と自然の力を重視した醸造法に定評がある。プレスした果汁は清澄せずにブルゴーニュ樽に入れ、自然に発酵させている。

35 *Viña Errazuriz Estate Sauvignon Blanc*

ヴィーニャ・エラスリス エステート・ソーヴィニョン・ブラン2011

レモンやライムの果肉や果皮の香り、ジューシーな果実味とピリッとしたフレッシュな酸味との輪郭が鮮やか、都会的でエネルギッシュ

スパイシーなエスニックや中華料理に

価格	¥1500　スクリューキャップ
産地	チリ、カサブランカヴァレー
ブドウ品種	ソーヴィニョン・ブラン
輸入元	ヴァン・パッシオン　☎03-6402-5505

キング・オブ・チリワインが造る爽快な白

「地の果て」という意味があるチリは、東側にはアンデス山脈、西側には太平洋、北側にはアタカマ砂漠、南側には南氷洋があり地理的には世界と隔絶された国。１９９０年代以降、ブドウ栽培に適した土地では劇的に品質が向上したが、遂に世界のトップと肩を並べる生産者が現われた。１８７０年創業エラスリスの６代目の当主エドワルド・チャドウイック氏は、チリ共和国の歴代４人の大統領を輩出した名門一族出身。自らボルドーのワイン学校で醸造学を修め、ブルゴーニュ、ローヌ、トスカーナ、ナパのワイナリーで研鑽をつむ。いち早く世界のトップレベルの醸造法を取り入れ、冷涼な山の急斜面に畑を拓く等、常に崇高なワインを目指している。ソーヴィニョン・ブランは、寒流の影響を受け夏も涼しいカサブランカ・ヴァレーで造られる。

36 *Clos du Val Carneros Chardonnay*

クロ・デュ・ヴァル クラシック・シリーズ2009 カーネロス　シャルドネ

熟したパイナップル、洋梨、杏に加えバタースコッチの芳醇な香り、ゴージャスな果実味とシトラス系酸味とのバランスが完璧に近い

オリーブ油やバターを使い少しスパイシーに調理した白身の魚や肉料理に

価格	¥4100
産地	アメリカ、カリフォルニア州、ナパ・ヴァレー
ブドウ品種	シャルドネ
輸入元	JALUX　☎03-6367-8756

ナパの伝統的なシャルドネ

ナパ・ヴァレーの南に位置するカーネロス地区は、太平洋の寒流の影響でサンフランシスコ湾からの霧が直接北に向かって上がってくるところに位置している冷涼なワイン産地。ナパより涼しいのでシャルドネやピノ・ノワール等のブルゴーニュ品種が適しており、スパークリング・ワインも多く造られている。クロ・デュ・ヴァルはナパ・ヴァレーに72年に設立されたカリフォルニアのパイオニア的存在。フランスとカリフォルニアのトップワインの目隠し試飲を行った76年のイベント「パリ対決」の際に、クロ・デュ・ヴァルのカベルネ・ソーヴィニョン72年（初ヴィンテージ）が上位に入り、一躍注目を浴びた。10年後のリターンマッチでは1位となっている。このクラシック・シリーズのシャルドネは、モンラッシェ（ブルゴーニュの最高峰の白）のようなタイプ。

37 *Lagar Do Merens Blanco*

ラガル・ド・メレンス・ブランコ 2010

ラベンダーの花束の華やかさに完熟した柑橘フルーツの香り、爽快な果実味の肉付きと穏やかな酸味とのバランスが個性的で楽しい

海老や穴子の天ぷらに塩とレモンを添えて、柚の香りにも合う

価格	¥3500
産地	スペイン、ガリシア州、リベイロ
ブドウ品種	トレイシャドゥーラ、ラド、トロンテス他
輸入元	ワイナリー和泉屋　☎03-3963-3217

リベイロの情熱

スペインの冷涼産地ガリシアで、リアス・バイシャス地区の人気の影に隠れていたリベイロ地区が注目を浴び始めている。ワイン産地としては歴史が古いが、２０００年以降に高品質ワインが現れた。眠れる獅子がようやく起き上がり本領発揮し始め、今や目がはなせない。この宝箱を開けたのは、ラガル・ド・メレンスのドン・ホセ・メレンス氏。２００１年に設立したワイナリーは、山奥の古い建物を修復したもので、最新の醸造設備が揃っている。３・５ヘクタールの自社畑は、段々畑の傾斜地の１４カ所に分かれてリベイロの土着品種が栽培されている。代表的品種のトレイシャドゥーラを中心に、最良のブドウを得るために、過酷な畑作業に精を出す。さらに、最高の技術を駆使した醸造によって、リベイロの新しい時代がやって来た。

38 *Il Carpino Vigna Runc Collio Malvasia*

イル・カルピノ セレツィオーネ コッリオ・マルヴァジア2008

ネクタリン、セルフィーユ、バジル、コショウの香り、とろりとした果実味を清涼感のある酸が支え、余韻にはミネラルの苦味

海の幸のジェノヴェーゼ、ハーブ風味の料理には何でも

価格	¥5000
産地	イタリア、フリウリ・ヴェネツィア・ジュリア州
ブドウ品種	マルヴァジア
輸入元	オーデックス・ジャパン ☎03-3445-6895

フリウリの驚愕マルヴァジア

イタリア北部のこの州は、オーストリア、スロヴェニアとの国境に位置する州で、全生産量の60％が白ワイン。冷涼な気候の下で造られる白ワインは繊細で軽やかなタイプが多いが、このマルヴァジアの力強い果実味と充実した味わいには圧倒される。セレツィオーネは特別に樹齢の高い完熟したブドウを大樽で発酵・熟成により造られるので迫力があるが、ステンレスタンク発酵のヴィーニャ・ルンクはフルーティで親しみやすいタイプ。両方とも、マルヴァジアから造られる有名なラッツイオ州の「フラスカーティ」とは雲泥の差で高品質。ボルゴ・デル・カルピノ村のイル・カルピノは、1987年設立のカンティーナ。ビオディナミ農法で育てたブドウから、品種ごとの個性を鮮やかに映し出した力強いワインを造っている。

39 *Tenuta Argentiera Poggio ai Ginepri Bianco*

テヌータ・アルジェンティエーラ ポッジョ・アイ・ジネプリ・ビアンコ 2010

夏みかん、パイナップル、金木犀の華やかな香り、濃密で肉付きの良い果実味とフレッシュな酸のバランスが絶妙で品が良い

真鯛やスカンピ香草焼き、帆立のグリルなどに

価格	¥2800
産地	イタリア、トスカーナ州、ボルゲリ地区
ブドウ品種	ヴェルメンティーノ50%、ヴィオニエ30%、ソーヴィニヨン・ブラン20%
輸入元	中島董商店　☎03-3405-4222

ボルゲリで生まれた至高のブレンド

１９８０年代に世界的なブームとなった「サッシカイア」をはじめとするスーパートスカーナ発祥の地ボルゲリ。この地は「イタリアのメドック」と呼ばれるほど砂利質で水はけ良く、赤ワインの最適地。ティレニア海沿いで温暖なので、カベルネやメルロで造られる赤ワインが有名だが、初めて素晴らしい白ワインがデビューした。アルジェンティエーラは、フィレンツェの実業家フィンゲングループと名門アンティノーリ家のコラボレーション。総支配人は、メディチ家の末裔、かつ「サッシカイア」にブドウを供給しているカステッロ・ディ・ボルゲリの責任者フェデリコ・ジレッリ氏。コンサルタントは、フランスのシンデレラ・ワインブームを起こしたステファン・ドゥルノンクール氏というドリームチームだ。夢の組み合わせは白ワインでも成功した。

40 *St. Michael-Eppan "Sanct Valentin" Alto Adige Sauvignon*

サン・ミケーレ・アッピアーノ サンクト・ヴァレンティン アルト・アディジェ・ソーヴィニヨン2010

オレンジ、パッションフルーツや白いバラの華やかな香り、凝縮した完熟フルーツに酸とミネラルの輪郭がはっきりとして複雑

真鯛のカルパッチョのバジルソース、手長海老のグリルなどに

価格	オープン
産地	イタリア、トレンティーノ・アルト・アディジェ州
ブドウ品種	ソーヴィニヨン・ブラン
輸入元	モンテ物産　☎0120-348566

天才ビアンキスタと協同組合が造る傑作

イタリア最北のワイン産地、トレンティーノ・アルト・アディジェ州は、トレント県（トレンティーノ）とボルツァーノ県（アルト・アディジェ）のそれぞれ自治県からなっている。後者は、オーストリア領・ドイツ語圏なので、ワインの名前はサン・ヴァレンティーノではなくサンクト・ヴァレンティンだ。サン・ミケーレ・アッピアーノは、醸造協同組合にもかかわらず、数々の素晴らしいワインを世に送り出していることで有名。各農家がそれぞれ栽培・収穫した低収量の完熟ブドウを組合で醸造し、その売り上げが還元されるという形態で世界最高レベルのワインになった。世界の醸造家ベスト10にも選ばれた「ビアンキスタ」（白ワイン専門家）のハンス・テルツァー氏の指導の下で、各ブドウに合った理想的な醸造方法で造られる。ソーヴィニヨンが一番人気。

41 *Takahata Chardonnay Barrel Fermented Night Harvest*

高畠ワイン
高畠シャルドネ　樽発酵
ナイトハーベスト2011

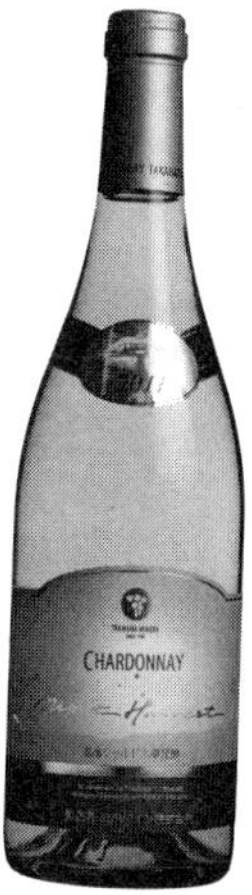

パイナップルや桃のコンポートにクリーム、樽からのバニラやビスケットの香り、果実味のボリュームとアルコールの力強さが印象的な辛口

穴子や海老のフライ、温野菜の胡麻ソース和えなどに

価格	¥4000
産地	山形県、高畠町
ブドウ品種	シャルドネ
製造元	高畠ワイン　☎0238-57-4800

ドラマチックに急上昇 日本のシャルドネ

２００９年から川邉久之氏がワイン造りに関わるようになり劇的に品質向上した高畠ワイン。川邉氏はカリフォルニアのナパ・ヴァレーのシルヴァラード・ヒル・セラーズで15年間ワイナリー・マネジャーもされた経験から、ナイト・ハーベストという収穫法を行っている。夜中の3～5時の最も気温の低い時間帯に、ブドウを摘み取り新鮮さを保つ。収穫は10月中旬まで待って完熟させると同時に、必要な酸をキープするよう凄まじい努力をしている。フランスの新樽を8割も使用して発酵、その後7カ月間熟成させるので味わいが芳醇だ。栽培法は、平棚仕立てで、雨よけハウスという横が開いているビニールハウスを張るため、降雨の影響を受けずに完熟、腐敗果はほぼ皆無とのこと。果実味は凝縮感あり、アルコール度は14％もある。

42 *Château Mercian Nagano Chardonnay*

シャトー・メルシャン 長野シャルドネ2010

洋梨や白桃のフルーティさにバニラやビスケット香が調和、完熟した果実味と綺麗な酸のバランスがエレガントな辛口

湯葉豆腐のサラダや白身魚のグリルなどに

価格	¥2950（想定価格）
産地	長野県、北信地区
ブドウ品種	シャルドネ
製造元	メルシャン　☎03-3231-3961

日本ワイン 最新技術のパイオニア

世界レベルのワインが生まれるようになったのは日本では近年のことだが、メルシャンの歴史は１８７７年の「大日本山梨葡萄酒会社」まで遡ることができる。メルシャンは世界に誇れる日本ワインを造るために栽培や醸造方法を研究し、１９８０年代からは世界コンクールへの出品も行ってきた。メルロは、桔梗ケ原の地で成功し、今では樹齢も益し驚くほどの深みがある。同じ長野の北信地区の北信シャルドネは１９９０年に垣根式で栽培され、醸造は勝沼で行う。長野シャルドネは須坂市、高山村、長野市のブドウを収穫し、樽で発酵・熟成とステンレスタンク発酵・熟成のワインを合わせ絶妙なバランスをとる。メルシャンは、甲州のシュール・リー製法や甲州の香りをワインに引き出す方法等の技術を他の生産者に公開している点も素晴らしい。

43 *Domaine Jean-Philippe Fichet Bourgogne Blanc*

ドメーヌ・ジャン・フィリップ・フィシェ ブルゴーニュ・ブラン2009

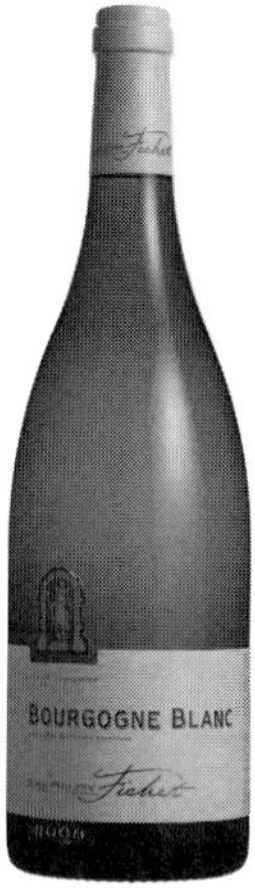

熟した黄桃、バターやナッツの香り、フレッシュさと酸とミネラル感の芯がしっかりしているので、果実味の重厚さとの調和が良い

クリーム系のソースを使った魚介や肉料理、スパイシーなエスニック料理にも

価格	¥3600
産地	フランス、ブルゴーニュ地方
ブドウ品種	シャルドネ
輸入元	ヴァン・パッシオン　☎03-6402-5505

シャルドネの神様コシュ・デュリの甥が造るパワー溢れる白

ムルソー村の造り手の3代目フィシェ氏は、強い意志とワイン造りの才能に満ちたヴィニュロンだ。父の時代まで行っていた、リース畑で栽培したブドウからワインを造りネゴシアンへ樽売りしていたのを止めて、1992年からムルソー近辺の畑を購入してドメーヌを立ち上げた。コシュ・デュリ氏に負けないような偉大なワイン造りを目指している。このワインはムルソー村内の3つの区画のブドウをブレンドし、伝統的なムルソーの手法（樽発酵・樽熟成）で造られている。ムルソーの特徴は、果実味の肉付きの良さとグラ（オイリー）に感じられるほどナッツのようなコクがあること。一般的に「ブルゴーニュ・ブラン」というと、軽やかでフルーティなものが多いが、フィシェ氏の場合はムルソーの味に限りなく近い。

44 *Joseph Faiveley Bourgogne Chardonnay 2009*

ジョセフ・フェヴレ ブルゴーニュ・シャルドネ2009

フレッシュな白桃や黄桃やクリーミーな香りがチャーミング。柔らかい果実味と繊細な酸とアルコールがふくよかに口中に広がり親しみやすい味

海老や帆立のグラタンやクリームシチューなどに

価格	¥2500
産地	フランス、ブルゴーニュ地方
ブドウ品種	シャルドネ
輸入元	ラック・コーポレーション ☎03-3586-7501

ブルゴーニュの入り口の扉で微笑む優等生

ブルゴーニュ地方の生産者は５０００軒ほど存在し、２つの製造形態がある。ネゴシアンは農家からブドウやワインを買い製品にする会社、ドメーヌは自社畑でブドウを栽培・醸造しワインを製品にする会社。フェヴレ社のような１８２５年創業のネゴシアンであり、１２０ヘクタールもの広大な畑を所有する大ドメーヌは珍しい。フランス革命後に教会や貴族が所有していた畑が国に没収され、小さい単位で競売にかけられたので、家族経営のドメーヌの場合は多くても20ヘクタール所有する程度。２００５年からフェヴレ社を継いだ１９７９年生まれのエルワン氏は、飲み頃になるまで時間を要する先代の固いスタイルから、エレガントで滑らかなスタイルへと変えた。名刺代わりに飲まれるブルゴーニュの名を冠するワインは、潑剌とした魅力に溢れている。

45 *Domaine Philippe Charlopin-Parizot Fixin Blanc*

ドメーヌ・フィリップ・シャルロパン・パリゾ フィサン・ブラン2009

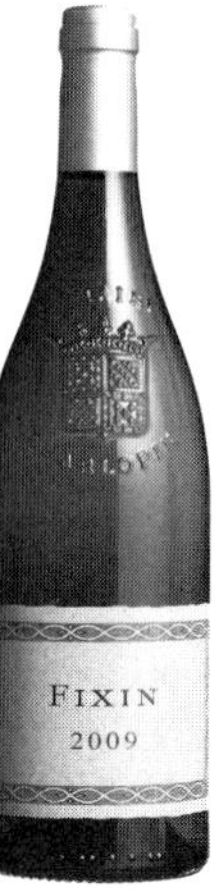

完熟した洋梨や桃とバニラクリームの香り、肉付きの良いフルーツのボリュームとミネラル感と酸の輪郭が美しくナッツ的なコクがある

スモークサーモンやチキンのサラダやマスタードを添えた中華風の点心にも

価格	¥4200
産地	フランス、ブルゴーニュ地方、コート・ド・ニュイ地区
ブドウ品種	シャルドネ
輸入元	ヴァン・シュール・ヴァン ☎03-3580-6578

ブルゴーニュのテロワールを香り高く外交的に表現

ジュヴレ・シャンベルタン村のフィリップ氏の造るワインは、赤白も同じように完熟した果実味の華やかさと芳醇なテクスチュア（触感）が魅力的だ。フィサンはジュヴレ村の北に位置するマイナーな村なので、通常、赤白ともに田舎っぽい地味なワインになりがちだが、そうならないのがこのドメーヌ。収穫時期に訪ねると、手摘みされた健全に見える房でさえ少しの未熟果や腐敗果があれば房ごと捨ててしまうほど完璧な完熟果のみ選別して、ワインに仕込んでいた。そうすると畑の特徴の他に、凝縮した果実味の存在感が全面に現れる。また、良質の新樽のバニラやビスケットの風味が芳醇さを与え、第一印象は誰にでも好印象となる点が外交的。故アンリ・ジャイエ氏という天才ワイン造りの遺志を継ぐエレガントで華やかなワイン。

46 *Domaine Gilles Bouton Saint Aubin 1er Cru En Rémilly*

ドメーヌ・ジル・ブートン サン・トーバン・プルミエ・クリュ・アン・ルミイ2010

白桃の上品かつ繊細な甘さとクリームやミネラルの風味、タイトな酸味とピュアなミネラル感のストラクチュアがしっかりして気品がある

懐石料理、魚介のサラダ、白身魚やチキンのグリル等の味を引き立てる

価格	¥3800
産地	フランス、ブルゴーニュ地方
ブドウ品種	シャルドネ
輸入元	ヴァン・パッシオン ☎03-6402-5505

プチ・モンラッシェの実力

ブルゴーニュの最高峰の白ワイン「モンラッシェ」を産むピュリニ・モンラッシェ村とシャサーニュ・モンラッシェ村に隣接したサン・トーバン村のトップドメーヌ。5代目のジル氏に代替わりして、1995年からリュット・レゾネ（必要最小限に農薬を使用する農法）による耕作となり、先代の造るクラシックなワインからエレガントでピュアなスタイルへと進化した。アン・ルミイ畑はブルゴーニュ随一の豪華絢爛な酒質を持ちながら優雅で気品溢れる、憧れのグラン・クリュ、モンラッシェ畑に隣接。その畑の標高はモンラッシェよりも高く、コート（丘陵）の斜面の上部の南西の向きに広がる痩せた土地なので、モンラッシェよりは軽めのワインになる。アン・ルミイの凜としたミネラル感とシャープな酸味が融合した上品な味わいは和食とも楽しめる。

47 *Reignac Blanc*

レニャック・ブラン2008

オレンジマーマレードやアップルジャム、焼き栗、ナッツ、蜂蜜にラノリンの香り、凝縮したパワフルな果実の複雑性は、余韻まで長く続く

舌ビラメのムニエル、エビチリなど中華にも合う

価格	¥5000
産地	フランス、ボルドー地方
ブドウ品種	ソーヴィニョン・ブラン、セミヨン、ミュスカデル
輸入元	エスプリデュヴァン　☎045-910-5780

贅を極めた
スーパー・ボルドー・ブラン

「神の舌を持つ男」と崇められているアメリカ人ワイン評論家ロバート・パーカー氏が「世界で最も低く評価されている白ワイン」と評したお値打ちのレニャック。ボルドーに流れるガロンヌ川とジロンド川の間に位置するアントル・ドゥー・メール地区で、16世紀から続くシャトーを１９９０年に元実業家イヴ・ヴァテロ氏が購入し、畑と醸造所を徹底的に改築して造るラグジュアリーなワインだ。この地区はメドックやグラーヴ地区と違い軽い土質なので、早飲みタイプの白ワインと赤ワインが主流だが、ヴァテロ氏は最上のワインを造るために土壌改良に莫大な投資を行い、醸造においてはシンデレラ・ワインを生むコンサルタントのミシェル・ロラン氏を起用。赤も素晴らしいが白のゴージャスさは伝統あるオー・ブリオンの白を凌ぐほど。

48 *Ernst Triebaumer Braufränkisch*

エルンスト・トリーバウマー ブラウフレンキッシュ2010

濃い赤紫色、黒プラムや甘草や白コショウの香り、ピュアでジューシーな果実味に土っぽいタンニンが広がる、余韻がスパイシー

肉団子やフライドチキンなどに

価格	¥2800
産地	オーストリア、ノイジードラーゼー、ヒューゲルラント
ブドウ品種	ブラウフレンキッシュ
輸入元	ラシーヌ ☎03-5366-3931

ブラウフレンキッシュをスターにした生産者

ブラウフレンキッシュはオーストリア原産の晩熟な黒ブドウ。ウィーンより北の産地では完熟するのが難しいので、主にブルゲンラント州に植えられている。現在は最高級品種とされているが、近年まで大量生産系の田舎っぽいワインだった。現在、世界中で土着品種にスポットライトが当たっている中、個性的になり洗練されてきた。トリーバウマーは創業1691年の歴史ある生産者で、畑の4分の3は、ブラウフレンキッシュが植えられている。また、祖父の代から化学薬品など一切使用せず独自の栽培法を実践。有機肥料の使用、様々な植物を繁殖させることで土壌の潜在的な生命力を向上させる等々。ブラウフレンキッシュはシスト土壌ではコート・ロティ、石灰土壌ではブルゴーニュ的な味になるようだ。

49 *Birgit Braunstein Sankt Laurent Goldberg*

ビルギット・ブラウンシュタイン ザンクト・ラウレント・ゴルトベルク2007

野イチゴ、ブルーベリー、ハーブに土の香り、果実味がキメ細かく紅茶的なタンニンと酸のバランスが上品で旨味とともに余韻に続く

地鶏のグリルきのこソースや鶉のローストに

価格	¥3500
産地	オーストリア、ノイジードラーゼー、ヒューゲルラント
ブドウ品種	ザンクト・ラウレント
輸入元	ラシーヌ　☎03-5366-3931

美味なる ザンクト・ラウレント

オーストリアはブルゴーニュと同じ緯度だが、降雨量は少なく日照量が多いので今後が楽しみなワイン産地だ。ノイジードラーゼ北西側にあるライタ丘陵のなだらかな斜面の中部は、石灰質土壌が広がりピノ系のブドウとシャルドネが植えられている。斜面の上部のシスト土壌が露出している土壌には、オーストリアの最高級品種のブラウフレンキッシュが植樹されている。ザンクト・ラウレントは、ピノ・ノワールと何かの自然交配によって生まれた品種と考えられているが、確かに香りと味わいが似ている。ブドウが色付く8月10日のセント・ローレンス・デイに因んだ名。女性醸造家が、畑の生態系バランスを整えることを重視した栽培法を行う。醸造は野生酵母を使い、発酵後にタンクや樽やアンフォラをワインにより使い分けている。

50 *Craggy Range Te Muna Road Vineyard Pinot Noir*

クラギー・レンジ テ・ムナ・ロード・ヴィンヤード・ピノ・ノワール2009

ラズベリーやチェリーのような果実味の肉付きがよく、スパイシーなアクセントとシルキーなタンニンとの調和が上品、余韻はバラの花びら

チキンやポークのトマト系ソース、海老フライのタルタルソースや天ぷらにも

価格	¥4000
産地	ニュージーランド、マーティンボロ地区
ブドウ品種	ピノ・ノワール
輸入元	ジェロボーム　☎03-5786-3280

ニュージーランドのシークレット・プレイスに咲く花

1998年にアメリカ人実業家のテリー・ピーボディ氏によって設立されたクラギー・レンジでは、マスター・オブ・ワインの称号をもつスティーヴ・スミス氏がワイナリーの管理を行っている。自社所有の単一畑に徹底的にこだわりテロワールを尊重したワイン造りをしているのが特徴。マオリ語で「秘密の場所」という意味があるマーティンボロのテ・ムナの畑は、アタ・ランギやパリサーがある地区から車で7キロほど離れた地区にあり、先日この畑に行った際に見た、健康的に熟した粒の小さいブドウは、複雑性のある素晴らしいワインになることを想像させた。ワイナリーは畑と離れたホークス・ベイにあるため、冷蔵トラックで収穫したブドウを運ぶ。ワイナリー到着後にブドウを除梗し、ブドウを発酵、フレンチオーク（新樽35％）で9カ月熟成する。

51 *Schubert Pinot Noir BlockB*

シューベルト
ピノ・ノワール
ブロックB2009

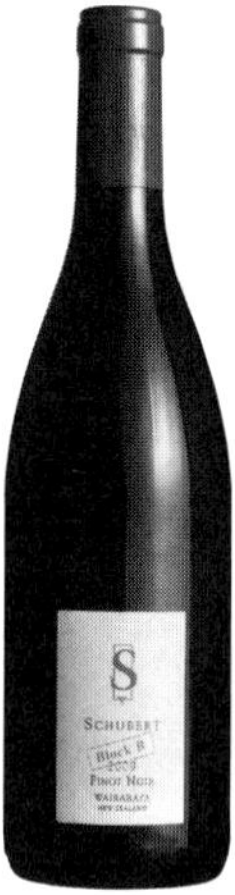

明るい赤色、野イチゴを煮詰めたような甘さに加えスミレ、スパイス、土の香り、タンニンはソフトで若いわりに旨味がある

旨味たっぷりの地鶏のグリルや煮込みと

価格	¥4000
産地	ニュージーランド、ワイララパ地区
ブドウ品種	ピノ・ノワール
輸入元	アサヒヤワインセラー　☎03-3951-6020

クラシックなブルゴーニュスタイル

1999年にカイ・シューベルト氏がマーティンボロに近いワイララパに設立したワイナリー。マーティンボロとデイキンズロードに畑を所有している。クスダ・ワインズの楠田浩之氏はカイ氏とドイツのガイゼンハイム大学で同窓生。楠田氏は卒論を書く際にシューベルトに1週間滞在してワイン造りを手伝い、毎晩おいしい料理を家族に作ったという縁もあり、現在もシューベルトの醸造設備を使用している。シューベルトの2008年のブロックBは、ロンドンの「インターナショナル・ワイン・チャレンジ」ではNZのピノ・ノワールで一位に選ばれ、また「デカンター・ワインアワード」では世界一のピノ・ノワールに輝いたほどの実力。シューベルト・マリオンズ・ヴィンヤードよりもストラクチュアがある熟成タイプ。色が明るく滑らかなのが特徴だ。

52 *Cloudy Bay Pinot Noir*

クラウディー・ベイ ピノ・ノワール2009

完熟したイチゴやプラム、ドライハーブや土の香り、果実味と紅茶のようなタンニンと酸味のバランスが良い

チキンやポーク・ソテー、香草ソースにも合う

価格	¥3570
産地	ニュージーランド、マールボロ地区
ブドウ品種	ピノ・ノワール
輸入元	モエ・ヘネシー・ディアジオ ☎03-5217-9734

マールボロをニュージーランド最大栽培地にした発信元

マールボロでは、１９７３年にモンタナ社がワイナリーを設立するまではブドウは未知の植物だった。85年にリリースされた爽快なソーヴィニョン・ブランで国際的な評価を受けスターダムに昇ったクラウディー・ベイ。その後はニュージーランドのソーヴィニョンのコンセプトを確立させ、その後に続くワイナリーもそのスタイルを踏襲している。エチケットに描かれた墨絵のような山々は、タソックというイネ科の植物が山の表面を覆っているニュージーランド独自の風景。６年前にリフォームしたセラードアからは流麗な景色が一望できる。広大な３６０ヘクタールの自社畑のうち70％は伝説のソーヴィニョン・ブランだ。テココという樽発酵したリッチなタイプもある。96年から造っているピノ・ノワールは複数の畑をブレンドしている。

53 *Mahi Rive Vineyard Pinot Noir*

マヒ ライヴ・ヴィンヤード・ピノ・ノワール2010

華やかなバラの香水、熟したラズベリーやスミレの香り、凝縮した果実味の肉付きがよく、タンニンはシルキーで繊細な酸との調和が良い

牛肉や鴨肉ロースト・きのこソースなどに

価格	¥4500
産地	ニュージーランド、マールボロ地区
ブドウ品種	ピノ・ノワール
輸入元	ヴァイアンドカンパニー ☎06-6841-3553

マールボロのグラマラスなエシェゾー

マヒはマオリ語で「作品」「手工芸品」という意味。ワインメーカーでオーナーのブライアン・ビックネル氏は世界中の様々な産地で15ヴィンテージを体験し、2006年からマールボロに落ち着いた。94〜96年はチリのエラスリスで活躍したそうだ。ワイナリーに隣接するセラードアはシャンパーニュ出身の人から購入したという。お洒落なブライアン氏にお似合いのスタイリッシュな設えだ。自社畑はビオディナミに近い農法で行い、シングル・ヴィンヤードにこだわっている。グラン・クリュのエシェゾー並みの上品なワインを生むライヴ・ヴィンヤードは、ピノを除梗してから野生酵母で発酵し、フレンチオークで15カ月の熟成を経てノンフィルターで瓶詰めされる。ブライアン氏は死ぬ時に飲むワインを考え、エレガントで余韻の長いワインを造るそうだ。

54 *Churton Pinot Noir*

チャートン ピノ・ノワール2008

野イチゴの芳しい香り、ピュアな果実味とシルキーなタンニンとのバランスが絶妙でスパイスのアクセントも。余韻は甘いバラの花びら

有機野菜をたっぷり添えた鴨や地鶏のローストなどに合う

価格	¥3780
産地	ニュージーランド、マールボロ地区
ブドウ品種	ピノ・ノワール
輸入元	ベリー・ブラザーズ&ラッド ☎03-5220-5491

マールボロの優美な薔薇の香り

マールボロ地区の美しい畑のベスト3のひとつ。チャートンのブドウ畑は標高の高い130～200メートルというNZでは非常に珍しい斜面に23ヘクタールも広がり、ピノ・ノワール、ソーヴィニヨン・ブランを中心に、ローヌ地方の白品種ヴィオニエや南西地方の白品種プティ・マンサンを区画の地勢に合わせて育てている。チャートンのオーナー、サム・ウィーヴァー氏は1978年までロンドンのネゴシアンだったこともあり、土地を選ぶ時もワイン造りもヨーロッパ的感覚だ。畑はビオディナミ農法で管理され、プレパラシオン（ビオディナミ・カレンダーに記されている日に噴霧する調合剤）も自家製、しかも牝牛の角を使用するため牝牛も10頭ほど飼っているという気合の入れ方。また、コルク栓による瓶熟成の風味の向上にこだわりを持つ。

55 *Folium Vineyard Pinot Noir*

フォリウム・ヴィンヤード ピノ・ノワール2011

チェリー、プラム、ミントの香りが徐々に煮詰めたプラムやチョコレートに変わる。力強い果実味と繊細な酸味とタンニンのハーモニーが一体

フライドチキンやポークのハーブ焼きやフリカッセに

価格	¥3500　スクリューキャップ
産地	ニュージーランド、マールボロ地区
ブドウ品種	ピノ・ノワール
輸入元	中島董商店　☎03-3405-4222

マールボロ発、期待の日本人ワイナリー

岡田岳樹氏がマールボロのブランコット・ヴァレーに、2010年6月に設立したばかりのワイナリー。インポーターの中島董商店が出資している。ほぼ完璧な有機栽培をしているせいか、秀逸なブドウから造られる初ヴィンテージのワインは非常に洗練された味わいだ。岡田氏は北海道大学農学部を卒業後、カリフォルニア大デーヴィス校で栽培・醸造を学んだ。その直後にはマールボロに進出した、ロワール地方のアンリ・ブルジョワ（サンセールのトップ生産者）の「クロ・アンリ」に就職。クロ・アンリは、1989年から11年間かけて現地調査をしてから98ヘクタールの土地を購入するほど畑に関してシビア。そこの栽培責任者を任されたほど実力のある岡田氏が育てるブドウは、素直で健康的。樹齢16年のリザーヴやソーヴィニヨン・ブランもある。

56 *Rippon Vineyard Mature Vine Pinot Noir*

リッポン・ヴィンヤード マチュア・ヴァイン・ピノ・ノワール 2010

野イチゴやスパイス、野性的な風味もあり、タンニンと酸で構成される骨格もしっかりして芳醇で力強い

鶉、鴨、蝦夷鹿のロースト料理に

価格	¥5200
産地	ニュージーランド、セントラル・オタゴ地区
ブドウ品種	ピノ・ノワール
輸入元	ラック・コーポレーション ☎03-3586-7501

ミスティック(神秘的)な ピノ・ノワール畑

リッポンは1970年代の半ばに、南島のセントラル・オタゴでブドウ栽培を始めたパイオニアであり、最もブルゴーニュ的なワインとしても有名だ。設立者の息子のニック氏は、1998年から4年間ブルゴーニュに住み、ドメーヌ・ド・ラ・ロマネ・コンティ等のドメーヌで研修した経験を活かして、畑のテロワールごとに見事なワインを造っている。ニック氏にブルゴーニュとの違いについて質問すると、ワナカ湖の岸辺にあるリッポンの畑は氷河期のモレーンから成るシストなので、ドイツのモーゼルやスペインのプリオラートと同様なミネラル感が生まれるとのこと。マチュア・ヴァインは若木ではなく成熟した樹のブドウから造られるので、深みのあるワインができる。05年から樹齢10年以下のブドウで造るワインにはジュネス(若さ)と表記。

57 *Pegasus Bay Merlot Cabernet*

ペガサス・ベイ メルロ・カベルネ2009

ダークなルビー色、イチジクやプルーンの甘さに加えチョコレートやスパイス香、濃厚な果実味の背後にある酸味とタンニンが上品

スパイシーな焼肉や黒コショウが効いた鹿肉のローストにピッタリ

価格	¥3800　スクリューキャップ
産地	ニュージーランド、ワイパラ・ヴァレー地区
ブドウ品種	メルロ、カベルネ・ソーヴィニヨン
輸入元	ヴィレッジ・セラーズ　☎0766-72-8680

ワイパラ・ヴァレーのパイオニア

1986年設立のペガサス・ベイは、南島にある首都ウエリントンの近郊にあるワイパラで最も歴史あるドナルドソン家が経営するワイナリー。マオリ語でワイ（水）パラ（泥）という意味を持つ土地は、北島のマーティンボロと同様にブドウの開花時期に強い南風が吹き、結実不良のため収量が少なくなり、凝縮したブドウから高品質ワインができる。冷涼なのでメルロやカベルネ等のボルドー品種は完熟するのが難しいが、ペガサス・ベイの北斜面の畑は周囲から守られ暖かいことと、古い樹があるので充実したブドウを得られる。石の多い土壌で育つ完熟したブドウをそれぞれに発酵後、フレンチオークで2年間熟成させた後にブレンド。長男のマシュー夫妻が醸造を担当。世界中のワイナリーで修業し、特にブルゴーニュでの経験を活かしているそうだ。

58 *Au Bon Climat Pinot Noir Los Alamos Cuvée V*

オー・ボン・クリマ ピノ・ノワール ロス・アラモス　キュヴェV

濃密なラズベリーやチェリーにフローラルさ、バニラやビスケットが魅力的に香る、芳醇な果実味にシルキーなタンニンと酸との調和が見事

地鶏のローストきのこソースやトマトソースに

価格	¥3500
産地	アメリカ、カリフォルニア州、サンタ・バーバラ
ブドウ品種	ピノ・ノワール
輸入元	ヴィノラム　☎03-3562-1616

カリフォルニアのコート・ドール サンタ・バーバラのABC

1782年、カリフォルニア州に初めてブドウの苗木が植えられたのはサンタ・バーバラ。キリスト教の伝道師ユニペロ・セラ神父が、メキシコからパイスの苗木を運びミサ用ワインを造った土地だ。サンタ・バーバラはモントレーの南に位置し、直接太平洋に面しており、海から霧と冷風が流れこむ冷涼地。この地がブルゴーニュ品種の最適地として発展したのは、82年にジム・クレンデネン氏がオー・ボン・クリマを設立してからのこと。1990年代以降にブレークした。ジム氏は、ブルゴーニュではワイン造りの神様と称されるアンリ・ジャイエ氏に師事した後に、ここがコート・ドールのような土地だと確信して移住。常に華麗でエレガントなスタイルを追求し、繊細な酸と高過ぎないアルコール度14%以内にこだわっている。

59 *Francis Ford Coppola Votre Santé Pinot Noir California*

フランシス・フォード・コッポラ ヴォートル・サンテ ピノ・ノワール2010

明るいルビー色、イチゴやラズベリージャム、スミレや紅茶の葉の香り、ピュアでフルーティ、軽やかなタンニンと酸がチャーミング

冷やしてアペリティフに。パスタやピザやチーズ料理に

価格	¥2480
産地	アメリカ、カリフォルニア州
ブドウ品種	ピノ・ノワール
輸入元	ワイン・イン・スタイル ☎03-5212-2271

あなたの健康のために乾杯

フランスで、乾杯する際に使用される「ヴォートル・サンテ」(あなたの健康のために)という言葉。イタリア系のコッポラ監督は祖母マリア・ザサさんが、乾杯の時にいつも言っていた決まり文句をワイン名にした。ブルゴーニュスタイルの複雑な味わいにするために、冷涼なメンドシーノ、カーネロス、モントレーのピノ・ノワールをブレンドしている。華やいだ香りと魅力的な飲み心地は、１杯目にピッタリだ。コッポラ監督は、１９７５年にナパ・ヴァレーのニーバム・エステートの一部を購入。映画「ゴッドファーザー」の成功によって、アメリカ人のステータスシンボルであるワイナリーを始めた。また、２０１０年には、ソノマに新ワイナリーが完成し、レストラン、カフェ、ムービーギャラリーも併設され、オスカー賞のブロンズ像なども展示。

60 *St.Innocent Pinot Noir Freedom Hill Vineyard*

セント・イノセント
ピノ・ノワール
フリーダム・ヒル・ヴィンヤード2009

ブラックベリーやイチジク、土、スパイス、ロースト香にチョコレート、凝縮した果実味にタンニンと酸の骨格ががっしりとした実直な大味

牛フィレ肉のソテーやローストビーフ等に

価格	¥5500
産地	アメリカ、オレゴン州、ウィラメット・ヴァレー
ブドウ品種	ピノ・ノワール
輸入元	クラモチコーポレーション ☎0126-22-0241

コルトンの風格
オレゴンのピノ・ノワール

オレゴン州のワイン生産量は全米で第4位。小規模な約420ワイナリーが存在し、栽培品種の半分以上はピノ・ノワールというピノ天国だ。オレゴンは、太平洋沿岸部の降雨量が多い土地なので、1960年以前はヨーロッパ系品種は栽培不可能と言われていたが、1966年に初めて植えられたピノ・ノワールが70年代末にパリで評判になり注目を浴びた。ウィラメット・ヴァレーは、冬季に雨が多く夏は乾燥して涼しい恵まれた地区のため、有名ワイナリーが多い。セント・イノセントは1988年にマーク・グロサック氏が設立。マーク氏の父はワイン商、母はシェフという環境で育ち、7歳からワインの試飲をしていたほど舌が確かなワインメーカー。フリーダム・ヒル・ヴィンヤードはコート・ドールの偉大なコルトンのようにスケールが大きい。

61 *Rubaiyat Petit Verdot*

丸藤葡萄酒工業
ルバイヤート・プティ・ヴェルド
2009　「彩果農場」収穫

ダークチェリーやイチジク、丁子、コショウ、アニス等のスパイスや土の香り、凝縮した果実の旨味とスパイシーさがパワフルに広がる

タンシチューや和牛の赤ワイン煮などに

価格	¥5700
産地	山梨県、甲州市
ブドウ品種	プティ・ヴェルド
醸造元	丸藤葡萄酒工業　☎0553-44-0043

日本の希望の星が造る１００％プティ・ヴェルドのワイン

今年で１２２周年を迎える丸藤ワイナリー。ボルドー大学を卒業後、１９８９年から垣根栽培でフランス品種を栽培し、世界に誇れるワイン造りを始めたのが社長の大村春夫氏。「日本の希望の星」と麻井宇介氏に期待された醸造家だ。昔から残糖分のない辛口にこだわり続け、熱狂的ファンを多くもつ甲州の他に、ルバイヤートで絶賛されているのがプティ・ヴェルド。ボルドーではスーパー・カベルネ・ソーヴィニヨンと称され、晩熟、小粒で果皮が厚いため渋くて非常にスパイシーなので補助品種となる。ところが、夏が暑い勝沼ではよく熟し、独特の風味が生まれることに大村氏が注目した。北畑以外に、彩果農場では、樹齢20年のカベルネを切ってプティ・ヴェルドを接ぎ木。それから2年目のブドウで造られたワインの将来性は、非常に大きい。

62 *Domaine Bruno Clavelier Bourgogne Passetoutgrain Vieilles Vignes*

ドメーヌ・ブルーノ・クラヴリエ ブルゴーニュ・パストゥグラン・ヴィエイユ・ヴィーニュ2010

イチゴと杏とカシスの甘酸っぱさにスミレを加えた香り、爽やかな果実味とオレンジのような酸味が調和しタンニンはソフトで親しみやすい

冷やしてトマトソースのパスタやピザによい

価格	¥2500
産地	フランス、ブルゴーニュ地方
ブドウ品種	ピノ・ノワール90%、ガメ10%
輸入元	ヴァン・シュール・ヴァン ☎03-3580-6578

奇跡のパストゥグラン

一般的なパストゥグランは、ボージョレ用のブドウ「ガメ」を中心にして造る早飲みの赤ワイン。フランスのAOCでは高貴なピノ・ノワールを3分の1以上ブレンドして造らなければならないという規定があるが、ブルーノ氏の場合は10%のみをブレンドしている。ヴォーヌ・ロマネ村の自社畑にある60年前から植わっているピノ・ノワールの中に10%ほど混じるガメの樹齢も60年以上となり、素晴らしい品質なのでブレンドしているのだという。華麗なヴォーヌ・ロマネのテロワールを映し出すガメによって、味わいのベクトルが変わった個性的なワインだ。1964年生まれのブルーノ氏が、87年に5代目当主となり、父親の代まではネゴシアンに売るだけだったワインの古い畑を活性化するために、99年からビオディナミを実践。

63 *Domaine Sylvie Esmonin Côte de Nuits Village Rouge*

ドメーヌ・シルヴィ・エモナン コート・ド・ニュイ・ヴィラージュ・ルージュ2009

ラズベリーやスミレの華やかな香り、繊細な果実味と甘く優しいタンニンとミネラルのバランスがとてもエレガント

品のある優しい味わいは、鴨のローストや焼き鳥の手羽などの旨味とマッチする

価格	¥3780
産地	フランス、ブルゴーニュ地方
ブドウ品種	ピノ・ノワール
輸入元	ヴァン・シュール・ヴァン　☎03-3580-6578

ジュヴレ・シャンベルタン村の クールな女性栽培家

コート・ド・ニュイ・ヴィラージュは、グラン・クリュが連なるコート・ドールの東南向きの畑のある丘陵の裏側に広がる大きな栽培地区。標高が高めで畑の向きは北西や北東等いろいろな方向に向いており、涼しいのでブドウはゆっくりと成熟する。天候が良い年は肉付きの良いワインとなるが雨が多い年は薄くなりがち。しかし、エモナンのような素晴らしい造り手を選べば、ヴィンテージの良し悪しに関係なく満足できる。畑仕事が大好きという１９６１年生まれのシルヴィ氏の伴侶は、天才醸造家のドミニク・ローラン氏。祖父と父の時代まではルロワ等のネゴシアンにワインを樽売りしていたが、シルヴィ氏は自社名で瓶詰めしようと決心し１９８７年にドメーヌを設立。

64 *Domaine Arlaud Bourgogne Roncevie*

ドメーヌ・アルロー ブルゴーニュ・ロンスヴィ2010

完熟したプラムや野イチゴに加えスパイスや土の香り、グラマラスな果実味にしなやかなタンニンが溶け込みミネラル感が余韻に残る

鶉のローストやローストビーフのサラダなどに

価格	¥3600
産地	フランス、ブルゴーニュ地方
ブドウ品種	ピノ・ノワール
輸入元	ヴァン・パッシオン　☎03-6402-5505

超イケメン兄弟が造る しなやかなブルゴーニュ

１９７６年生まれのシプリアン氏が97年に3代目当主になってから弟と始めた改革によって、活気づくモレ・サン・ドニ村のドメーヌ。とりわけブドウ栽培を徹底的に改善している。馬で畑を耕作し、有機栽培を行うことによりブドウの根は土深く入り、約2億年近く前のジュラ紀のミネラルを石灰岩から吸収し、深みのある味のブドウを生む。２００９年秋にドメーヌ訪問した際に、シプリアン氏が「今年はカビ病等の被害が全くない最高の年なので、有機農法よりも樹に良いビオディナミ農法を実践できた」と言及。ロンスヴィ畑はジュヴレ・シャンベルタンの村名ワインを生む区画と同じ絶好の場所にあり、樹齢40年の樹からは充実したブドウができる。丁寧に醸造されたワインは、清澄・フィルターなしでグラン・クリュなみに造られ洗練度が高い。

65 *La Gibryotte Bourgogne Rouge*

ラ・ジブリオット ブルゴーニュ・ルージュ2009

熟したプラムやベリー、スミレに少しスパイスと鉄の香り、やや厚みのある果実味と旨味に加え紅茶のようなタンニンがありバランスが良い

山椒風味の焼鳥や牛頬肉の赤ワイン煮などに

価格	¥3300
産地	フランス、ブルゴーニュ地方
ブドウ品種	ピノ・ノワール
輸入元	ミレジム　☎03-3233-3801

ジュヴレの家族の発展

ジュヴレ・シャンベルタンの個性が感じられる赤ワイン。ラ・ジブリオットは、「ジュヴレの家族」という意味がある。ジュヴレ村を代表する造り手クロード・デュガ氏とその子供達が、ワインを買い熟成と瓶詰めを行うネゴシアンもの。ブドウは20〜30のサンプルの中から家族全員で、芳香と個性を重視して厳選しているのでドメーヌものと比べても遜色はない。ネゴシアンを始めた理由は、自社畑（6ヘクタール）のブドウのみでは量が少な過ぎて、多くのデュガファンに届けるのが困難であること。また、息子のベルトランと娘のレティシアとジャンヌがワイン造りを一緒にするようになり余裕ができた。ドメーヌの5代目当主のクロード氏の父親の時代までは、ネゴシアンのルロワ等にワインを売っていたが、現在は買い手になるほど大きくなった。

66 *Domaine Jean Fournier Marsannay Les Echezots*

ドメーヌ・ジャン・フルニエ マルサネ　レ・ゼシェゾ2010

ラズベリー、プラム、牡丹の花やスパイスの香り、果実味が優しく広がりキメ細かいタンニンと酸とミネラル感が上品に調和し、余韻が長い

ポン酢でいただく牛肉や豚肉のしゃぶしゃぶに

価格	¥4500
産地	フランス、ブルゴーニュ地方、コート・ド・ニュイ地区
ブドウ品種	ピノ・ノワール
輸入元	エスプリデュヴァン　☎045-910-5780

マルサネのテロワールを実直に表現

最高級のピノ・ノワールを生むコート・ドールの中で最北に位置する村がマルサネ。マルサネより北にあるシャブリやシャンパーニュのような寒冷地で赤ワインを造ると酸が突出した軽いものになってしまうため、マルサネも優れた赤が近年まで存在していなかった。マルサネ・ロゼで名を馳せており、軽いワイン村というマイナーな印象が強いが、最近は、斜面の中腹に位置するエシェゾ畑をはじめとするいくつかの畑から、非常にエレガントで熟成能力のある高品質ワインが産出されるようになった。２００３年にマルサネの老舗ドメーヌを父から継いだローラン・フルニエ氏は、有機栽培や収量制限、醸造に関しても情熱的に改革を行い、やぼったさのない洗練されたワインを造り、１級畑に格上げされるための努力を行っている。

67 *Domaine Newman Beaune Rouge*

ドメーヌ・ニューマン ボーヌ・ルージュ2009

明るいルビー色、新鮮なイチゴを潰したような甘さとスミレの花の香り、甘酸っぱい果実味に繊細なタンニンが調和して親しみやすい

ラタトゥーユ、きのこのテリーヌ、チキンの唐揚げなどに

価格	¥4000
産地	フランス、ブルゴーニュ地方、コート・ド・ボーヌ地区
ブドウ品種	ピノ・ノワール
輸入元	ラフィネ　☎03-5779-0127

チャーミングなピノ・ノワールの世界

コート・ド・ボーヌは、ブルゴーニュ最高峰の白ワインとチャーミングな赤ワインを生む地区だ。コート・ド・ニュイ地区よりも斜面がなだらか、土壌は泥灰土壌なので、赤ワインはニュイの骨格（タンニンと酸）のしっかりとした長寿型に比べると、柔らかい果実味が感じられる（ただし、コルトンの赤ワインは例外）。アメリカ生まれのニューマンの当主クリストファー氏は、父親が投資した畑を買い取り、ドメーヌを始めた。１９７７年よりヴォルネ村の重鎮マルキ・ダンジェルヴィーユで修業後、アンリ・ジャイエ氏などに学び90年代から自社で栽培・醸造を行う。畑は94年から有機栽培、２００４年からビオディナミを実践。滑らかな口当たりの優しいスタイルで、瓶詰め後の早い時期から楽しめ、熟成してもおいしい大らかなタイプだ。

68 *Domaine Tollot-Beaut Chorey-les-Beaune*

ドメーヌ・トロ・ボー ショレ・レ・ボーヌ　2009

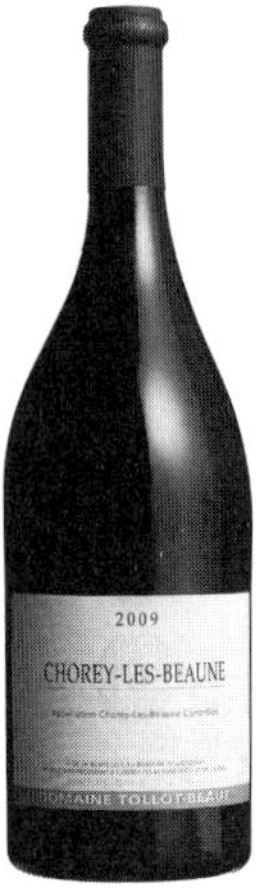

上品なバニラやコーヒーのような樽風味が、豪奢な果実味にバランスよく溶け込み、村名ワインだが、グラン・クリュ並みの満足感がある

ローストビーフ、鴨のロースト、鶏肉の赤ワイン煮などに

価格	¥4500
産地	フランス、ブルゴーニュ地方、コート・ド・ボーヌ地区
ブドウ品種	ピノ・ノワール
輸入元	エノテカ　☎03-3280-6258

マイナーな村から生まれる豪奢な赤ワイン

フランスの文化的シンボルであるコート・ドールのワインは、修道僧たちが神に捧げる崇高なワインを造るために、6世紀頃から最高の土地を選びブドウ畑を開墾し始めた。長期熟成型のワインを生む最上の畑は丘陵の斜面に連なっているが、最も可憐でフルーティな赤ワインを生む村は、平野部に畑が広がるショレ・レ・ボーヌ村。トップ・ドメーヌ、トロ・ボーの5代目オーナーファミリー、ナタリー・トロ女史は、1級畑や特級畑のないショレ・レ・ボーヌ村を本拠地として、コルトンなどグラン・クリュの壮麗なワインを多く造っている。全てのワインはロマネ・コンティと同じフランソワ・フレール社の樽によって熟成されており、このワインの新樽比率は33%。ふくよかさと骨格を追求している。コルクとの密着性を高めるためボトルのネックが細い。

69 *Domaine Arnoux-Lachaux Bourgogne Pinot Fin*

ドメーヌ・アルヌー・ラショー ブルゴーニュ・ピノ・ファン2009

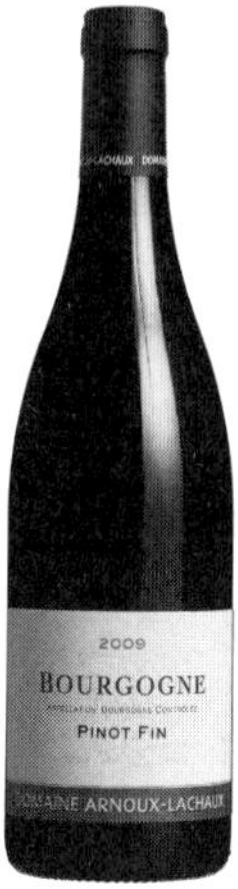

熟した野イチゴやビターチョコレートにスパイスの強い芳香、果実味とミネラル感と丸いタンニンが優雅に調和しており、余韻が長い

チキンソテー、きのこソース、ビーフシチューなどに

価格	¥3800
産地	フランス、ブルゴーニュ地方
ブドウ品種	ピノ・ノワール
輸入元	ラック・コーポレーション ☎03-3586-7501

フィネス溢れるブルゴーニュ・ルージュ

世界一官能的な赤ワインを生むヴォーヌ・ロマネ村のスター・ドメーヌが造る高品質ブルゴーニュ。当主のパスカル・ラショー氏はロベール・アルヌー氏の娘婿として１９９５年にドメーヌを引き継ぎ、２００７年からアルヌー・ラショーを冠するラベルに変わった。ピノ・ノワールという黒ブドウは非常に繊細なので突然変異しやすく、現在フランスで登録されているクローンの数は40、全世界では数千あると言われている。ラショー氏のピノ・ファンは格上ワインに使われる最高級クローンで小粒で果皮が厚いので凝縮した複雑性のあるワインとなる。ブルゴーニュ名ワインにしては、複雑でフィネス（上品・繊細・優雅）が豊かで魅力的。05年に新しい醸造所が完成し、益々洗練されたワインとなっている。ラショー氏のワインは全体的に凝縮度が高い。

70 *Domaine Tempier Bandol Rosé*

ドメーヌ・タンピエ バンドール・ロゼ2011

淡いサーモンピンク色、熟したパッションフルーツ、メロン、ローズマリーの香り、エキゾチックな果実味やラベンダー風味の広がる辛口

ニース風サラダやエスニック料理にも合う

価格	オープン
産地	フランス、プロヴァンス地方、バンドール
ブドウ品種	ムールヴェドル50%、グルナッシュ 28%、サンソー 20%、カリニャン2%
輸入元	出水商事　☎03-3964-2272

南仏ロゼワインの最高峰

プロヴァンス地方で最も長寿な赤ワインは、ムールヴェドル主体で造られるバンドール。ムールヴェドルは地中海を見ないと育たない、と言われるほど沿岸部に広く栽培されている。スパイスや土地に生える野性的なハーブの香りが強烈で、渋みと酸がしっかりしている。ロゼワインも同様、この品種の個性的な風味はあるが円みのある味わいだ。タンピエは１８３４年から続く家族経営のドメーヌであり、１９４０年以降に「ムールヴェドルの父」と呼ばれたリュシアン・ペイロー氏によってバンドールの名声が築かれた。82年にその遺産を継いだ2人の息子は、この地では画期的なブルゴーニュのような畑名の豪勢な赤ワインを造り評判となる。２０００年以降は天才醸造家ダニエル・ラヴィエ氏により、さらに完璧なワインとなり、注目されている。

71 *Sancerre Rosé François Cotat*

サンセール・ロゼ
フランソワ・コタ2010

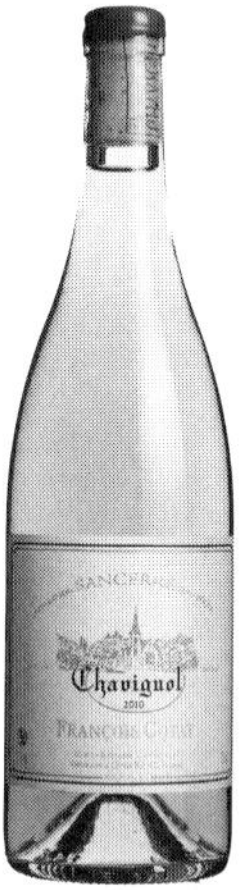

華やいだ香り、ミネラル、ジャスミン、ハーブ、プラム、パッションフルーツ、リンゴ等、シルキーな果実味が旨味とともに広がり爽やかで上品

シェーヴルチーズのサラダや串揚げに

価格	¥4840
産地	フランス、ロワール地方、中央フランス地区
ブドウ品種	ピノ・ノワールと1934年前に植樹された少量のガメ
輸入元	ミレジム　☎03-3233-3801

テロワールと心意気を表現する芸術的なロゼ

中央フランス地区では、ブルゴーニュと同様の粘土石灰質土壌にピノ・ノワールを植樹して、赤とロゼワインを造っている。フランスワイン法により、ワインに使用できるのは、ピノ・ノワール以外に１９３４年以前に植樹したガメだけ。コタ氏の畑では古木のガメもブレンドしてロゼワインを造っているが、テロワールをよく映し出すためミネラル感と爽やかさがサンセール・ブランにも似ている。外観も白ワインに近い淡いピンク色を呈し、複雑でエレガントな風味は、一般的なフルーティなロゼとは次元がまったく違う。「コタが造るものより偉大なサンセールはない」、とロバート・パーカーが絶賛しているが、まさに心に響くワインの生産者だ。寒冷地なので収穫日を遅くし、完熟ブドウを手摘みし、醸造されたワインは清澄・濾過せず瓶詰めされる。

Column

世界レベルの日本ワインの出現

日本のワインは、この十数年で多くのリスクに打ち勝って劇的に品質向上しました。乾燥した気候下でよく育ち湿気に弱いワイン用のブドウ品種は、ブドウ生育期間に梅雨、秋雨、台風等の影響がある日本の気候では難しいと言われていたのが嘘のような昨今です。世界的に栽培や醸造の技術が発達したということもありますが、一部の生産者の凄まじい努力と情熱の賜物と言えるでしょう。特に、日本固有の甲州種が世界市場で戦えるようになったことは、日本人として誇らしいことです。

中央葡萄酒の三澤茂計氏は、25年前に勝沼ワイナリーズクラブ（12社参加）の会長として奮闘し、日本における甲州ワインの存在を高めてきました。２００２年に、日本一日照量の豊かな明野に12ヘクタールもの畑を拓き、甲州の垣根栽培を３ヘクタールに増やす等、世界を目指しています。また、甲州の種を５００粒選び畑に埋めて、粒から育てるとどういう特徴が現れるのかという、１００年後の甲州のための壮大な実験を行っています（通常、ブドウは取り木を土に植えて育てる）。その三澤氏は、現在「甲州オブジャパン　ＫＯＪ」（13社参加）というＥＵ市場に甲州ワインを輸出するプロジェクトの会長として、世界に向けて日本の躍進ぶりをアピール。２０１０年から3回にわたって

ミサワワイナリー。オーストラリアのスマート博士と共同開発の雨よけアタッチメント（ジャパン・スマート方式）を房の上部に施す。

ロンドン市場でプロモーションを行い、２０１１年に５０００本、２０１２年に２３６０本輸出するという結果を出しました。

　輸出を行う場合、厳格なＥＵ規格を満たす必要があります。日本では当たり前のように行っている補糖と補酸は同時にはできません。しかしながら、雨の多い日本では、糖度の低いブドウを発酵する際にアルコール度をかさ上げするために砂糖を加え、結果として酸のバランスが崩れ、補酸をしなければいけなくなるというのが一般的なのです。が、熟度が高く酸もしっかりしたブドウを得れば、両方行う必要性がなくなります。また、甲州はアルコール度が10%以上になりにくい品種ですが、補糖を行う場合はアルコール度数は12%以内でないといけないという規定もあります。原料のブドウの力が重要であり、ＫＯＪに参加した造

勝沼醸造の垣根栽培のメルロ畑。雨よけには甲州で使う笠がけを行う。0.3ヘクタールほどメルロを育てているが、手間がかかる。

り手の意識は益々世界レベルに近づいています。

甲州ワイン「アルガブランカ　イセハラ」（２００４年初リリース）を毎年ボルドーへ３０００本輸出している勝沼醸造の活躍も素晴らしいことです。勝沼醸造は、甲州ワインに特化しているワイナリーであり、甲州の生産量は25万本と最多。イセハラ畑の成功によって、現在ではそれぞれの畑（契約栽培農家の畑）の個性を活かしたブドウからのワイン造りを目指しています。同社が20年以上前から経営するお洒落なレストラン「風」は、勝沼がカリフォルニアのナパ・ヴァレーのような観光客が集まるワインカントリーになる先駆けとなりました。

１９９２年から世界を見据えて本格的な垣根栽培でフランスブドウのシャルドネ、カベルネ・ソーヴィニヨン、メルロ、プティ・ヴェルドを育て

ミサワワイナリーの垣根栽培の甲州。樹勢が強いので、それを抑制するために樹間は1.5メートルと広め。20房ほど実をつける。

てきた丸藤葡萄酒の大村春夫氏の活躍も見逃せません。醸造のセンスも光っています。1996年から数年間、アカデミー・デュ・ヴァンでブドウ栽培体験の講座をさせていただきましたが、当時から補糖や補酸をせずに赤ワインを造るという志の高いワイナリーであり、しかも当時の甲州ワインに関しては徹底的に辛口にこだわり、甘さで誤魔化さないのは珍しいことでした。長年の経験からプティ・ヴェルドが勝沼の土地で成功することも発見しました。

日本のワイン造りでの一番大きな問題は農地法です。日本では、農地保護の観点から株式会社の農地所有を原則的に認めていません。農業法人であれば農地を持つことができるのですが、日本ではワイン製造業が農業法人として認められていません。現在日本のワイナリーが自社畑と呼んでい

山梨県、勝沼の甲州の畑。グリ系ブドウの甲州は、灰色がかったピンク色の果皮で果粒は大きく生食・醸造の両方に用いられる。

るものは、試験農場として行政から特別な許可を得たもの、ワイナリーとは別に農業法人を設立し、そこが畑を所有するというもの、オーナーが個人の農家として所有しているもののいずれかです。

しかし、２００３年から山梨県の主要産地が「ワイン産業振興特区」に認定され、ワイナリーが長期リースの形で農地を取得することが認められました。明野のミサワワイナリーでは有限会社を作り、20年契約で畑をリースしているそうです。

もう1つの問題は価格。勝沼のワイナリーのほとんどは、契約栽培農家から甲州ブドウを買い取ります。量よりも質の良いものを作ってもらうために、コミュニケーションを大切にします。でき上がったワインを飲んで一緒に評価してもらう等を行うと、もっとおいしいワインを造りたくなり栽培に熱が入るとのこと。また、棚栽培の場合は、

１本の樹に５００房ものブドウをつけるので、瑞々しさはあっても薄い味にしかなりません。そこで、昔からのエックス字ではなく、一文字短梢の棚栽培にすれば、多少は濃いブドウが得られるのですが、大変な努力が必要です。ちなみに、垣根栽培の場合は、１本の樹に10～20房なのでかなり凝縮したブドウを得ることができます。

その他、酒税法、ワイン法など他のニューワールドに比べると様々な制度化も遅れていますが、素晴らしい生産者達の弛まぬ努力と、それを応援するワイン愛好家達によって、徐々に改善されることと期待しています。

※甲州
ヴィティス・ヴィニフェラ種（ヨーロッパ原産のワイン用ブドウ）。約１０００年前にシルクロードと中国を経て、日本固有ブドウとして根付く。山梨県が最大の産地。２０１１年、ＯＩＶ（国際ブドウ・ワイン機構）のブドウ品種リストに登録。世界的にワイン用ブドウとして認識された。

第5章

特別な日のごちそうに
じっくり手をかけた料理とともに

72 *d'Arenberg The Laghing Magpie Shiraz Viognier*

ダーレンベルグ ラフィング・マグパイ・シラーズ・ヴィオニエ2008

プルーン、ダークチェリージャム、チョコレート、黒コショウにミント、ユーカリの香り、濃厚な果実味に清涼感のある酸味が心地よい

北京ダック、焼肉などスパイシー料理に

価格	￥3200　スクリューキャップ
産地	南オーストラリア州、マクラーレン・ヴェイル
ブドウ品種	シラーズ94%、ヴィオニエ6％
輸入元	ヴィレッジ・セラーズ　☎0766-72-8680

絶妙なボディバランスの笑うカササギ

日本の21倍の国土をもつオーストラリアは、中央部には砂漠が80%を占め熱帯から温帯まで気候も様々だ。ワイン産地は、四季があり寒暖の差がある南部に集中しており、その中でも南オーストラリア州が最も生産量が多い。温暖なマクラーレン・ヴェイルは、州都アデレードの南約40キロに位置するワイン産地で、上質なシラーズが有名。1912年設立のダーレンベルグのワインメーカーのチェスター氏は、洗練されたシラーズ造りで1998年に「ワインメーカー・オヴ・ザ・イヤー」に選ばれた。マグパイとは、この地域特有の笑い声のような鳴き声のカササギの姿が黒・白のストライプ模様なので、黒白ブドウを混醸するフランス・ローヌ地方のコート・ロティ風ワインに命名された。白ブドウ品種のヴィオニエを加えることで爽やかさと芳香が増す。

73 *Paul Cluver Pinot Noir*

ポール・クルーバー ピノ・ノワール2009

明るい赤色、ドライフルーツのチェリーやきのこの香り、滑らかな果実味にはタンニンが溶け込み渾然一体となり古酒のような旨味が余韻に

筑前煮や肉じゃがなどに

価格	¥2500
産地	南アフリカ共和国、エルギン地区
ブドウ品種	ピノ・ノワール
輸入元	マスダ　☎06-6491-1280

南アフリカ エルギンのピノ・ノワール

南アフリカは、冬の数カ月に集中して雨が降りブドウ生育期間は乾燥している地中海性気候。南極大陸からアフリカ大陸西岸に寒流が流れているので、冷涼地域が存在し注目されている。1991年のアパルトヘイト（人種隔離政策）廃止後、若い生産者達は海外からの情報を得、投資も盛んになり目覚ましい発展を遂げている。首都ケープタウン近くのステレンボッシュがワインの中心地。その少し外れがポール・クルーバーワイナリーのあるエルギン地区だ。平均気温が最も低く、ブルゴーニュとほぼ同じなので繊細なピノ・ノワールが育つ。クルーバー氏はエルギン地区のパイオニアとしても名高く、「徹底した質にこだわるワイン造り」がコンセプト。最近も「南アで最も急速に伸びているワイナリーのトップ10」に選ばれる等、評価が非常に高い。

74 *Bodegas Caro Amancaya*

ボデガス・カロ アマンカヤ2010

イチジクやプラムジャム、ドライハーブやスパイス、コーヒーやビスケットの香り、果実味は複雑で酸とのバランスが絶妙

ハンバーグ、フライドチキン、スパイシー料理に

価格	¥2270（参考価格）
産地	アルゼンチン
ブドウ品種	マルベック65%、カベルネ・ソーヴィニョン35%
輸入元	ファインズ ☎03-5745-2190

アルゼンチンとフランスの華麗なる融合

カロはＣＡカテナ、ＲＯロスチャイルド（バロン・ド・ロートシルト）の２つの会社、国、代表品種がダイナミックに融合したワイナリー。ニコラ・カテナ氏は、アルゼンチンのメンドーサの高地がワインに適していると確信し、イタリアからメンドーサに移住した。１５００メートル級の高山は寒すぎると思われるが、その独特の気候と砂と岩の土壌から最高のマルベックが生まれるのだ。高山地帯は、気温が低く太陽熱が強いので、ゆっくりと成熟する間に果皮が厚くなりアロマが凝縮する。高貴なロスチャイルドのカベルネ・ソーヴィニヨンをブレンドすることでエレガンスが加わる。アマンカヤはＣＡＲＯ（ワイナリーのフラッグシップのワイン）の弟に当たるセカンドワインで逞しさと親しみやすさがある。カロは「愛しい人」という意味がある。

75 *Hahn SLH Estate Pinot Noir Santa Lucia Highlands*

ハーン・エスエルエイチ・エステート ピノ・ノワール サンタ・ルシア・ハイランズ2010

ブラックベリーやプラムのリキュール、チョコレート、コーヒー、ドライハーブ、スパイスの香り、凝縮した果実味がパワフル

牛頬肉の赤ワイン煮や仔羊のローストなどに

価格	¥4850
産地	アメリカ、カリフォルニア州、モントレー
ブドウ品種	ピノ・ノワール
輸入元	ワイン・イン・スタイル ☎03-5212-2271

モントレーの雄鶏の開拓

ハーンはドイツ語で雄鶏を意味する。オーナーのニッキー・ハーン氏は、１９７０年代半ばにモントレーの牧場を購入し、開墾してブドウ畑にした。牧場の持ち主であったスミス氏とフック氏に敬意を表して、スミス&フックの名前を冠したワインを80年から今も義理堅く造っている。また、ハーン氏はサンタ・ルシア・ハイランズをアメリカ政府公認ブドウ栽培地域（ＡＶＡ）として承認してもらうために、先頭に立って活動し、ついに91年にＡＶＡのひとつとなる。サンタ・ルシア・ハイランズは、モントレー湾から吹く冷涼な風の影響を受けるサリナス・ヴァレーの標高の高い位置にあり、ハングタイム（ブドウが樹に下がっている期間）が長く酸のしっかりとしたブドウを得られる。黒系フルーツとスパイスの風味はシラーのように凝縮している。

76 *The Magnificent Wine Company House Wine*

ザ・マグニフィセント・ワイン・カンパニー ハウス・ワイン2010

ダークチェリー、ラズベリー、パプリカ、白コショウの香り、ジューシーな果実味でタンニンは軽やか、清涼感のある酸味とのバランス良い

焼肉やスパイシーなソースの肉料理に

価格	¥2300
産地	アメリカ、ワシントン州、コロンビア・ヴァレー
ブドウ品種	カベルネ・ソーヴィニョン45%、メルロ37%、シラー15%、カベルネ・フラン３%
輸入元	オルカ・インターナショナル ☎03-3803-1635

ワシントンのハウス・ワイン

ワシントン州は、アメリカ第2番のワイン生産地。オレゴン州よりも北に位置しているので、寒いイメージが強いけれど、緯度的にはブルゴーニュとボルドーの中間だ。太平洋沿岸部は雨が多い寒冷地なのでブドウは育たないが、壮大なカスケード山脈を越えると砂漠地帯が広がる。年間平均降水量は１８０～２４０ミリと極めて少ないので灌漑を施しブドウ栽培が行われている。温暖な日中の気温でブドウの風味は完熟し、夜間の冷え込みによって自然な酸を保つので、ポテンシャルの高いワインを造ることができる。しかしながら、21世紀に入ってから、栽培面積が急激に増加したので、若い樹から造るシンプルなワインが多いことが欠点だ。その点ラベルのインパクトの強烈なハウス・ワインは、安定しておいしいワインを造っている。フィロキセラはない。

77 *Portal del Priorat Gotes*

ポルタル・デル・プリオラート ゴテス

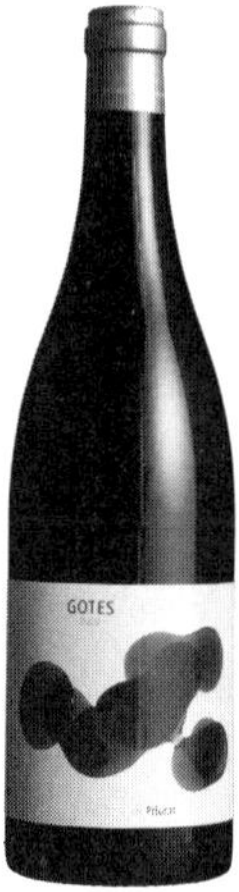

香りは控えめだが、味わいはチョコレートや熟したプラムの果実味とカシミアのような柔らかいタンニンが精緻なバランスで上品に広がる

牛肉の鉄板焼きやローストビーフ、イベリコ豚のカツ

価格	¥4000
産地	スペイン、カタルーニャ地方、プリオラート
ブドウ品種	ガルナッチャ、カリニェナ、カベルネ・ソーヴィニヨン
輸入元	ワイナリー和泉屋　☎03-3963-3217

プリオラートのシュヴァル・ブラン

気絶するほど濃いと言われていたプリオラート、そのニューウェーヴは本当にエレガントだ。２００７年が初ヴィンテージというゴテスのオーナーは、バルセロナの鬼才と呼ばれる著名な建築家アルフレード・アリーバス氏。莫大な投資により素晴らしい畑を購入し、醸造コンサルタントにはアルバロ・パラシオスの元醸造長ジョアン・アセンス氏を採用した。プライム（第一級）という意味のあるプリオラートでは、中世には、神に捧げるためのワインを修道僧達が造っていたが、ゴツゴツしたシストの岩盤の急斜面での過酷な労働に耐えられず見捨てられていた。１９７９年にルネ・バルビエがプリオラートの優位性に気付き１９８９年からパラシオスのレルミタなどスーパースパニッシュが続々と生まれた。21世紀に入り、繊細なスタイルへと変わってきた。

78 *Bodegas Lobecasope Ziries*

ボデガス・ロベカソペ シリエス2009

プラムのコンポートやイチゴジャム、スパイスにドライハーブの香り、ジャミーでスパイシーな口当たりでアルコールのパンチが効いている

焼鳥やチンジャオロースーのような中華料理に合う

価格	¥3000
産地	スペイン、カスティーリャ・ラ・マンチャ州
ブドウ品種	ガルナッチャ
輸入元	ワイナリー和泉屋　☎03-3963-3217

冷やして飲むと モレ・サン・ドニ風

スペインは日本の１・３倍の広さ、ワインの生産量は世界第3位、栽培面積は第2位のワイン大国。１９９０年代にはスーパースパニッシュが注目を集めたが、歴史ある生産地にはまだ世に出ていない上質ワインがたくさん隠れている。ブルゴーニュの場合も、最新の醸造設備や栽培技術を取り入れることで、寂れたドメーヌから高品質ワインが続々と出現している。ラ・マンチャは最も広い大量生産地域という認識だが、シリエスのような洗練されたモダンなワインがあるとは嬉しい。ガリシアほど繊細ではないけれど、酸が綺麗なので冷やして飲むと暑い年のブルゴーニュのモレ・サン・ドニのようだ。マドリッドにあるワインショップ「ティントレリア」のオーナーの一人フレッキー氏が造るワイン。

79 *Raul Perez Ultreia Saint Jacques*

ラウル・ペレス
ウルトレイア・サン・ジャック2010

ザクロのリキュールやジャムのような濃厚さとスパイスの香り、凝縮した果実味と綺麗な酸、軽やかなタンニンとのバランスが絶妙

仔羊の香草焼きやビーフストロガノフなどに

価格	¥3000
産地	スペイン、カスティーリャ・イ・レオン州、ビエルソ
ブドウ品種	メンシア
輸入元	ワイナリー和泉屋　☎03-3963-3217

コンポステーラの手前で生まれる神々しい赤ワイン

ビエルソは、キリスト教徒の巡礼の終着地サンティアゴ・デ・コンポステーラの手前にある地区だ。巡礼者に向かって「もっと前へ（ウルトレイア）」と声を掛けたとのこと。そのメッセージをワイン名に掲げたラウル・ペレス氏は、神秘的なビエルソを世界的に有名にした。１９９９年に、プリオラートから天才醸造家アルバロ・パラシオス氏と甥がビエルソにワイン造りをするために来た時に、ペルス氏が援助したことがキッカケとなり、自らも素晴らしいワインを造るようになった。サン・ジャックは、急峻な山の斜面の小石交じりの粘土質土壌で、樹齢90年ほどのメンシアから生まれる。冷涼気候なので酸が豊か。２００６年が初ヴィンテージのウルトレイアにとって、２０１０年は過去最良のワインになった。アルコール度が高いので12度位に冷やすとよい。

80 *Grifoll Declara Tressals*

グリフォイ・デクララ トレッサルス2010

ドライハーブやスピリッツ漬けのチェリー、スパイスの香り、スタイリッシュな口当たりでタンニンは滑らか、余韻にドライフラワー

イベリコ豚の生ハム、仔羊の串焼きなどに合う

価格	¥1995
産地	スペイン、カタルーニャ地方、プリオラート地区
ブドウ品種	カベルネ・ソーヴィニョン30%、シラー 20%、カリニェナ35%、メルロ15%
輸入元	アルカン ☎03-3664-6591

プリオラートのライジングスター

プリオラートのモンスターワインが一世を風靡したのは約15年前。迫力のあるワインを造ったアルバロ・パラシオス氏は時代の寵児となった。そのパラシオス氏にブドウを提供していたのがグリフォイ家。2001年に19歳でグリフォイ・デクララを設立したロジェール氏は、趣味のモトクロスが縁でパラシオス氏と知り合い、13歳から午前は学校、午後はパラシオス氏の下で5年間働きワイン造りを学んだ秀才だ。乾燥したプリオラートの急斜面のゴツゴツした片岩土壌で育つブドウは、ピリッとしたミネラル感があり滋味豊か。プリオラートの他にモンサンからも素晴らしいワインを造っている。モンスターワインほど濃くないので、いろいろな肉料理と楽しめる。日本人の郁美さん（スペインワインと食協会）の内助の功もあり、今後の躍進が期待できる。

81 *Juan Gil Silver Label*

ファン・ヒル シルバー・ラベル2010

濃い赤紫、ドライフルーツ、カカオ、スパイスやロースト香、タンニンはソフトだがポートワインをドライにしたような強烈さがある

イベリコ豚のカツやグリル、スパイシーフードに

価格	¥2835
産地	スペイン、地中海中央沿岸部、フミーリャ
ブドウ品種	モナストレル
輸入元	フィラディス ☎045-222-8871

劇的に頭角を現したフミーリャ

凝縮度が高いのでデカンタするか、翌日以降に冷やして飲むことをお勧めする。アメリカのロバート・パーカーが「価格が5倍の一流ボルドーに引けをとらない」とコメント。ノックアウトされそうなほど濃い。フミーリャは、21世紀以降に急激に世界レベルのワインが出現し評判になった地区で、バレンシア地方の南に位置する乾燥した暑いところ。土壌は石がゴロゴロとした砂っぽい石灰質で痩せている。ファン・ヒルの当主は4代目のミゲル氏で、「テルミニ・デ・アリバ」（天上の果ての意味で標高700メートルと最も高所）という場所にセラーを新設、2003年よりフミーリャのワインに関してはトップの醸造家のバルトロ・アベリャン氏を招聘しモナストレル（フランスのムールヴェドル）でフミーリャの特徴を活かしたワインを造っている。

82 *Marques de Griñon Caliza*

マルケス・デ・グリニョン カリーサ2008

カシスのリキュール、プルーン、チョコレート、コーヒー、黒コショウの香り、芳醇さとスパイシーさが広がりパワフルで滑らかな味わい

仔羊のローストやジビエ（野鳥獣料理）に

価格	¥2980
産地	スペイン、カスティーリャ・ラ・マンチャ州
ブドウ品種	シラー65%、プティ・ヴェルド35%
輸入元	ス・コルニ　☎03-3573-4181

スペイン初のピノ・デ・パゴ

ブルゴーニュのグラン・クリュと同様の意味をもつピノ・デ・パゴは単一ブドウ畑限定高級ワイン。その承認第一号が、ラ・マンチャのドミニオ・デ・バルデプーサ畑だ。この畑でブドウ栽培・醸造ができるのは、マルケス・デ・グリニョンのみなのでモノポール（独占占有畑）とも言える。52ヘクタールの畑には1974年にカベルネ・ソーヴィニョン、1991年にシラーとプティ・ヴェルドが植樹された。カベルネからワインを造る時からボルドーの故エミール・ペイノー教授、続いてミシェル・ロラン氏をコンサルタントとしている。当主のカルロス・ファルコ氏は、カリフォルニア大学デーヴィス校で栽培・醸造を学び、革新的なワイン造りをしている。スペインで最も乾燥した暑い地区で生まれる、上品で超洗練されたワインだ。

83 *Numanthia Termes*

ヌマンシア テルメス2008

プルーン入りチョコレート、コーヒー、スパイスの香り、パンチの利いた濃厚で鮮やかな味わいで骨格もしっかり、余韻に甘いスパイス

牛肉のグリルをスパイシーソースで

価格	¥6000
産地	スペイン、リベラ・デル・デュエロ地区、トロ
ブドウ品種	ティンタ・デ・トロ（テンプラニーリョ）
輸入元	モエ・ヘネシー・ディアジオ ☎03-5217-9734

過酷な土地から生まれる至宝の赤ワイン

スペインワインの人気は世界的に高まっている。ヌマンシアのボデガは、1998年にリオハ地方のエグレン家がトロ地区に最高品質のワインを造るために設立した。スペイン北西部に位置するトロは、砂漠に近い少雨と日照りが過酷な地域。それでも標高が600～750メートルの高さに畑が位置しているので、夜間の気温の低さから酸がキープされ長寿なワインができる。ヌマンシアでは、接ぎ木をしていないフィロキセラフリーのティンタ・デ・トロを使用し、驚くほど洗練したワイン造りを行っている。ヌマンシアとテルメスは町の名に由来しており、古代にローマ人の侵略を受けた時に激しく抵抗したことで有名。このため、ヌマンシアは不屈と抵抗の象徴であり、さらにフィロキセラや厳しい気候の中を生き抜いてきたトロのブドウ畑の象徴にもなった。

84 *Duemani Altrovino*

ドゥエマーニ アルトロヴィーノ2009

プラムや黒オリーブ、ミントの香りが開いてくると花束やチョコレートのゴージャスな甘い香りに、果実味の端正な輪郭がある

Tボーンステーキや鴨のローストなどにトリュフを添えて

価格	¥4000
産地	イタリア、トスカーナ地方、リパルベッラ
ブドウ品種	メルロ50%、カベルネ・フラン50%
輸入元	モトックス　☎0120-344101

スター・エノロゴが造る精緻で華のある赤ワイン

トゥア・リータやマッキオーレ等のコンサルタントにより世界中に名を馳せたスター・エノロゴ（醸造家）、1964年生まれのルカ・ダットーマ氏が2000年に設立したカンティーナ「ドゥエマーニ」。「2人の手」という意味があり、パートナーのエレナ氏と2人で最高のワインを造るという意気込みが表れている。ダットーマ氏が天才と言われる所以は、自然の森に囲まれたリパルベッラの土地に一目惚れをし、可能性を見出して挑戦する情熱を持ちつつ、ビオディナミ農法やブドウの選別、醸造に関して緻密に計算してゴールまで完璧に辿り着くという点。アルトロヴィーノは樽熟成をせずに、果実味や土地のミネラルがストレートに表現されている。果実味、酸味、アルコール、タンニンの4要素のバランスが見事に整っている魅力的なワインだ。

85 *Poliziana Vino Nobile di Montepulciano*

ポリツィアーノ ヴィノ・ノビレ・ディ・モンテプルチアーノ2008

ドライトマト、プラムジャム、ドライフラワー、甘草、スパイスの華やかな香り、果実味と旨味が豊か。タンニンはキメ細かく上品な味わい

トマトすき焼き、地鶏や仔牛のトマトソースに

価格	¥3500
産地	イタリア、トスカーナ地方、モンテプルチアーノ村
ブドウ品種	サンジョヴェーゼ主体
輸入元	オーデックス・ジャパン ☎03-3445-6895

トスカーナワインの王様

ノビレ（高貴な）ワインと冠がつくこのワイン。16世紀にローマ法王パウロ3世が、最も高貴なワインと讃えた。また、17世紀の詩人フランチェスコ・レーディが「ワインの王」と讃えた等々過去の栄光が原産地呼称名として残っている。しかしながら、20世紀の世界的な不景気や2度の世界大戦などの影響もあり品質が低下した。その後、１９７０年代から輸出に向けた高品質ワイン造りや、１９８０年代のスーパー・トスカーナの流行によって、モンテプルチアーノ村のヴィノ・ノビレも徐々に洗練され都会的になった。１９６１年設立のポリツィアーノは、現当主のフェデリコ・カルレッティ氏の父親が始めたこの村のトップカンティーナのひとつ。土壌と太陽に恵まれた区画にブドウを植え、新しい醸造技術を取り入れて見事なワインを造っている。

86 *Ciacci Piccolomini d'Aragona Saint' Antimo Rosso "Ateo"*

チャッチ・ピッコロミーニ・ダラゴナ サンタンティモ・ロッソ "アテオ"2008

プルーン、カカオ、甘草の芳醇な香り、甘く柔らかい果実味と旨味が力強く広がりタンニンはソフト、スパイシーさとのバランスが良い

和牛のステーキ、ビーフシチューなどに

価格	¥3200
産地	イタリア、トスカーナ州、モンタルチーノ村
ブドウ品種	サンジョヴェーゼ、カベルネ・ソーヴィニヨン、メルロ
輸入元	テラヴェール ☎03-3568-2415

モンタルチーノのモダンな無神論者

アテオは無神論者という意味。アテオが生まれたきっかけは、１９８９年に、ブルネッロ・ディ・モンタルチーノにするのには出来が不満足だったロットに、フランス品種のカベルネとメルロをブレンドしてモダンなスタイルに仕上げたことから。通常は、セカンドワインを造るところを、フランス品種との融合によって全く違うインターナショナル・テイストになった。イタリアのサンジョヴェーゼは、酸とタンニンが荒いという特徴があり、伝統的に古い大樽で数年熟成することで円やかにさせる。一方、カベルネとメルロはフランスの小樽で熟成すると、芳醇な風味が生まれる。品種特性をいかして熟成されたワインの樽のマリアージュだ。ピッコロミーニのブルネッロは粘土の強い土壌からくる堅牢なタイプだが、アテオは柔らかくてモダン。

87 *Matteo Correggia Barbera d'Alba Marun*

マッテオ・コレッジア バルベラ・ダルバ　マルン2007

熟したブルーベリーや甘草スパイスの香り、ふっくらとした果実味が堂々としておりソフトなタンニンや酸とのハーモニーがチャーミング

チーズたっぷりのピザやチキンのハーブ焼きなどに

価格	¥4600
産地	イタリア、ピエモンテ州、ロエロ地区
ブドウ品種	バルベラ
輸入元	テラヴェール　☎03-3568-2415

ブルゴーニュのエレガンスをバルベラで

ピエモンテ州からアルプスを越えるとブルゴーニュ。しかも、ピエモンテは小さい畑・家族経営のドメーヌ・単一品種でワイン造りをする点でブルゴーニュと共通点が多い。マッテオ・コレッジア氏がロベルト・ヴォエルッツィオ氏達と共にブルゴーニュに視察した時に、バローロ近郊のロエロ地区の土地のポテンシャルを見出し、高品質化への改革を始めた。ロエロの名を世に知らしめたマッテオ氏は、2001年に不慮の事故で亡くなったが、今はオルネッラ夫人を中心にスーパーカンティーナのスピネタ社のジョルジュ・リヴェッティ氏の力を借りてワイン造りを行っている。ブルゴーニュで感じた軽さ、エレガンスと複雑味とフィネスを併せ持つワイン。それを最初に表現したのはバルベラ・ダルバのマルン。通常はカジュアルだが高貴に再生した。

88 *Pile e Lamole Chianti Classico Riserva “Lamole di Lamole”*

ピーレ・エ・ラーモレ
キアンティ・クラシコ・リゼルヴァ
“ラーモレ・ディ・ラーモレ”2007

ブラックベリー、イチジク、甘草、ドライハーブの香り、タニックで香り味とも開くのに時間がかかるが、翌日に黒砂糖風味や旨味が現れる

サーロインステーキ、仔牛のグリルトマトソースなどに

価格	¥3500
産地	イタリア、トスカーナ地方、キアンティ地区
ブドウ品種	サンジョヴェーゼ主体
輸入元	中島董商店　☎03-3405-4222

これぞ元祖サンジョヴェーゼ

キアンティはカジュアルワインの道を、キアンティ・クラシコは高級ワインの道を行く別物だ。そして、リゼルヴァがつくとカンティーナ（ワイナリー）での熟成期間も長く数十年もの熟成に耐える力強さを持っている。瓶詰めしてから10年近く経ないと渋くて飲みづらいことが多い。このカンティーナの「ラーモレ」は、グレーヴェ・イン・キアンティ地区の土地の名前でありながら、ここで発見されたサンジョヴェーゼの遺伝子の名前。つまり「ラーモレ・ディ・ラーモレ」は「これぞサンジョヴェーゼ」と主張しているのだ。1980年代以降は、芳醇さやモダンな味わいを求めてフレンチオーク熟成する生産者が多い中、ラーモレは伝統的な大樽にこだわり2年間熟成、クラシックなスタイルの心に染み入るワインを造っている。

89 *Azienda Agricola Tua Rita Rosso di Notri*

アジエンダ・アグリコーラ トゥア・リータ ロッソ・ディ・ノートリ2011

梅ジャム、カシス、野生ハーブ、スミレ、スパイスの香り、果実味よりもスパイシーさと酸味とタンニンがストレートに感じられ若々しい味

生ハム、ハンバーグステーキ、猪のラグーのパスタに

価格	¥2500
産地	イタリア、トスカーナ州、スヴェレート
ブドウ品種	サンジョヴェーゼ50%、カベルネ・ソーヴィニヨン・メルロ・シラー50%
輸入元	モトックス ☎0120-344101

趣味を極めたトゥア・リータ

ワインの価格を左右するという2大ワイン雑誌ワイン・アドヴォケイトとワイン・スペクテイターで100点を獲った唯一のイタリアの生産者がトゥア・リータ。1984年にヴィルジリオとリータ・トゥア夫妻が、趣味でブドウ栽培を始めるためにスヴェレートに土地を購入。その当時は全く無名のスヴェレートは、気候的に特殊なミクロクリマをもち非常に安定しており、土壌に関してもジュラ紀の石灰岩などを含む最上の土地であった。そこで、トゥア夫妻は、どうせやるのであれば世界レベルのワインを造りたいと情熱を燃やす。現在も高い評価を得続けているが、その評価に甘えることなく今やトップレベルにある畑を維持し、進化し続けている。ノートリは、4種ある代表的ワインの格落ちのセカンドワイン。カンティーナの住所がノートリ。

90 *Tenuta Valdicava Rosso di Montalcino*

テヌータ・ヴァルディカーヴァ ロッソ・ディ・モンタルチーノ2009

黒プラム、ドライハーブ、甘草スパイスの香り、凝縮した果実味にタンニンと酸の骨格がガッシリしていて開くのに時間がかかる

仔牛や豚肉のトマトソースやオーソブッコのような煮込み

価格	¥3800
産地	イタリア、トスカーナ地方、モンタルチーノ
ブドウ品種	サンジョヴェーゼ・グロッソ
輸入元	中島董商店　☎03-3405-4222

香りがなかなか開かない 人見知りの天使の誘惑

ラベルの天使の絵は、フィレンツェのウフィッツイ美術館にあるロッソ・フィオレンティーナ作の絵をモチーフにしている。トスカーナの最高峰赤ワインのブルネッロ・ディ・モンタルチーノのセカンドワイン的存在として知られるロッソ・ディ・モンタルチーノだが、ヴァルディカーヴァは特別にポテンシャルと風格のあるワインを造っている。ヴァルディカーヴァは、ワインを発展させる組合「コンソルツィオ・デル・ヴィーノ・ブルネッロ・ディ・モンタルチーノ」の設立に尽力した、歴史上になくてはならないリーダー的存在だ。現メンバーは２５０を超える。家族経営のカンティーナの所有畑は１５０ヘクタールと最大を誇るが、生産量を増やす目的ではなく自分の周りの畑を購入した。外からの影響を遮断し、ブドウを理想的状態で育てるためである。

91 *Ca'Viola Barbera d'Alba Brichet*

カ・ヴィオラ バルベラ・ダルバ ブリケット2008

スピリッツ漬けのブラックベリーやチェリー、黒オリーブ、土やスパイス、ビターチョコ、凝縮した果実味にソフトなタンニンがまろやか

仔牛のカツレツ、仔羊の煮込みなどに

価格	¥2500
産地	イタリア、ピエモンテ州
ブドウ品種	バルベラ
輸入元	中島董商店　☎03-3405-4222

イケメン天才醸造家の狼のバルベラは満月の夜に飲むべし

イタリア映画の俳優と見紛うようなジュゼッペ・カ・ヴィオラ氏。ワイン専門誌「ガンベロ・ロッソ」で２００２年最優秀エノロゴに輝いた優秀な醸造家だ。彼はヴィエッティ（ピエモンテ州）やウマニ・ロンキ（マルケ州）のコンサルタントとしても有名だが、自ら経営しているのがカ・ヴィオラ。畑のあるモンテルーポ・アルヴェーゼ村は、最も力強いバローロを生むセッラルンガ・ダルバ村の東に位置する。モンテルーポは「狼の山」を意味し、ラベルやコルクには狼の絵が描かれている。ピエモンテ州では、「日常のドルチェット、日曜日のバルベラ、特別の日のバローロとバルバレスコ」と言われているが、カ・ヴィオラ氏の造るドルチェットやバルベラは特別の日に相応しいほど深みがある。ブリケットは小さい丘という意味。

92 *Fratelli Alessandria Nebbiolo d'Alba"Prinsiòt"*

フラテッリ・アレッサンドリア ネッビオーロ・ダルバ "プリンジオット"2010

ドライフラワーのバラ、ドライチェリー、丁子や甘草スパイスに土の香り、力強いアタック、タンニンは滑らかで徐々に旨味があらわれる

旨味が豊かなのでジゴ・ダニョーなど肉料理の炭火焼きに

価格	¥3500
産地	イタリア、ピエモンテ州
ブドウ品種	ネッビオーロ
輸入元	オーデックス・ジャパン ☎03-3445-6895

バローロの将来性のある可愛い弟

イタリアワインの王と称されているバローロ。アルプス麓の急斜面の寒暖の差が激しい畑から生まれる力強くスケールの大きい赤ワインだ。そのバローロには土壌によって２つのタイプに分けられ、ラ・モッラ側はエレガントで香り高く、セッラルンガ側は骨太で逞しい。フラテッリ・アレッサンドリアがある北部ヴェルドゥノ村はその両方を備えると言われ、カンティーナの歴史は１８００年代に遡り、１８４３年にカルロ・アルベルト王からカンティーナ・オブ・ザ・イヤーを授かったという名門。ネッビオーロ・ダルバはバローロの若木と、バローロの品質に達していない地区のネッビオーロから造られる弟のような存在。「偉大なワインは畑が生む」がポリシーのアレッサンドリアから、伝統を大切にしつつ洗練されてきたイタリアの醍醐味が感じられる。

93 *Cantina La Torre Villa Noce Nero d'Avola*

カンティーナ・ラ・トーレ ヴィラ・ノーチェ ネロ・ダヴォラ2010

ドライチェリーや黒砂糖、スパイスにロースト香、味わいは果実味に梅のような酸味と滑らかなタンニンが溶け込み、余韻はスパイスと酸味

とんかつのマスタード添えなどに

価格	¥3000
産地	イタリア、シチリア州
ブドウ品種	ネロ・ダヴォラ
輸入元	ユービーエム　☎045-861-3783

地中海の風と歴史に育まれた人気ワイン

地中海に浮かぶシチリア島は、90年代半ばまでカジュアルワインの大量生産地であり、生産量がイタリア第1位だった。現在は量より質に転換が進み、ヴェネト州よりも生産量は少ない。そのシチリアの名声を高めたのが土着品種のネロ・ダヴォラだ（ネロは黒、アヴォラは島の南部にある村の名前）。この品種は、島の南部アグリジェント市周辺で骨格のある個性的なワインを造っている。「神殿の谷」（老古遺跡と大遺跡群）で有名なアグリジェントに近いラカルムートにあるカンティーナのラ・トーレは、優秀な農家を抱えた協同組合。その昔、ポリフェノール含有量が多いためフランスのボルドーやブルゴーニュに輸出され、"Le Vin Medicine"（特効ワイン）とも呼ばれていたネロ・ダヴォラは、今やモダンな味わいとなり熱狂的ファンが多い。

94 *Domaine Raspail-Ay Gigondas*

ドメーヌ・ラスパイユ・アイ ジゴンダス2008

イチゴジャムやドライハーブとスパイスの香り、濃厚でパワフルなアタック、タンニンは滑らか、煮詰めたフルーツとスパイシーな余韻が残る

スパイシーな四川料理やエスニック、ペッパーステーキに

価格	¥3500
産地	フランス、ローヌ地方南部
ブドウ品種	グルナッシュ主体
輸入元	ラフィネ　☎03-5779-0127

ジャミー（ジャムのような）でスパイシーな赤の典型

地中海に近い暑く乾燥した地域、フランスで最も太陽を感じる味わいを持つ赤ワインがシャトーヌフ・デュ・パプであり、その近隣で似たワインを産出する村がジゴンダス。主にグルナッシュから造るので、果実を煮詰めたような濃密さとスパイス香が特徴的。タイムやローズマリーが育つ地域ならではのドライハーブ香も共通している。ラスパイユ・アイは、１８６７年に設立されたジゴンダス最古の生産者で、４代目の現当主はＡＯＣ委員の理事長を務め、30年以上も伝統的手法を守り栽培・醸造を行っている。30年前と同じ味わいのワインを造るのがポリシーとのこと。また、フランス南部では固有名詞の最後のSを発音するが、良い年はジゴンダスで、普通の年はジゴンダと呼ぶという冗談があるそうだ。

95 *Domaine Gramenon Côte du Rhône Villages Les Laurentides*

ドメーヌ・グラムノン コート・デュ・ローヌ・ヴィラージュ レ・ローランティッド2010

ベリー系やイチジクのジャム、ドライハーブ、カカオ、コショウの香りが強い、リキュールのように濃い果実味にタンニンと酸が調和

仔羊のローストやハーブ焼きに

価格	¥4600
産地	フランス、ローヌ地方、南部
ブドウ品種	グルナッシュ
輸入元	アカデミー・デュ・ヴァン ☎03-3486-7769

ローヌのテロワールを情熱的に表現

ローヌ地方はボルドー地方に次いで生産量が多い地域。特に南部が量産しているので、95%が赤ワインだ。「コート・デュ・ローヌ」はローヌ地方全域をカバーする赤・白・ロゼの原産地呼称であり、その上のランクにあるのが「コート・デュ・ローヌ・ヴィラージュ」。これはローヌ南部のみにある95村を限定している。ドロームのモンブリゾン・シュール・レに居をおくドメーヌ・グラムノンは、世界中の評論家から激賞されている偉大な生産者で、有機栽培、低収量、１００年を超える驚異的な古木から感動的なワインを造っている。１９９９年にドメーヌ元詰めを開始した当主のフィリップ・ローラン氏は２００８年に不慮の事故で亡くなってしまったが、その妻と息子が受け継いでからも同様、見事なブドウから土地を映し出す情熱的なワインを造っている。

96 *Domaine Clos Marie Coteaux du Languedoc Pic Saint Loup L'Oliviette Rouge*

ドメーヌ・クロ・マリ コトー・デュ・ラングドック・ピク・サン・ルー・ロリヴィエット・ルージュ2010

スミレ、カシスやプラム、ドライハーブに鉄、スパイス、土の香り、野生的な果実味が強いがタンニンはキメ細かく酸が綺麗なので上品

牛肉や仔羊のスパイシーな煮込み、焼肉などに

価格	¥3000
産地	フランス、ラングドック地方
ブドウ品種	シラー48%、グルナッシュ50%、ムールヴェドル2%
輸入元	ヴァン・パッシオン ☎03-6402-5505

野趣溢れるエレガンス

地中海沿岸の大量生産のカジュアル産地であるラングドックでも、標高の高いピク・サン・ルー山麓の地域は、最も女性らしい繊細なワインを産むと定評がある。ここの粘土石灰岩土壌で有機栽培により育ったブドウから造られるワインは、荒々しさがなくてエレガント。南仏ワインは、石灰質の荒地に育つガリーグという灌木やローズマリー、タイム、ラベンダー等のハーブの野生的な香りがグラスから溢れ出すのが魅力。さらに肉やアニマルのような風味が加わると、ジビエ料理には合うけれど好き嫌いが分かれるところだが、このドメーヌには粗野な感じはない。クロ・マリの場合は、南仏では珍しく収量制限が非常に厳しく、良いブドウのみから造るので、複雑で凝縮した果実味はエレガントだが、猛々しい性格ももつ余韻の長いワインができ上がる。

97 *Château Martet Réserve de Famille*
シャトー・マルテ レゼルヴ・ド・ファミーユ2009

コーヒー、トリュフチョコレート、プルーンに甘いスパイスの香り、濃密な果実味としなやかなタンニン、酸との調和が上品で、余韻が長い

鴨や鹿のローストトリュフソースなどに

価格	¥3150
産地	フランス、ボルドー地方、サン・フォア・ボルドー地区
ブドウ品種	メルロ
輸入元	アルカン　☎03-3664-6591

ボルドーのマイナー地区のゴージャスな赤ワイン

ボルドーの右岸にあるサン・フォア・ボルドーは、豪華絢爛なワインを産出するポムロールやサンテミリオンに比べると、有名なシャトーもない寂れたイメージしかなかった。しかし、１９９０年代以降になると新しい投資家の出現により、サンテミリオン近隣地区にスポットライトが当たり始めた。シャトー・マルテは１６１０年に築かれた小別荘で、テンプル騎士団がサンティアゴ・デ・コンポステーラに行く巡礼者を受け入れていた所。１９９１年以降に新オーナーが畑を改革、97年にはディレクターにルイ・ミジャヴィル氏を招聘し、栽培・醸造ともに格付けシャトーと同じように造っている。ルイ氏の父親は自社のテルトル・ロートブッフを一躍スターダムに押し上げたフランソワ氏。ルイ氏はテルトル・ロートブッフ、ロック・ド・カンブ等の運営も行う。

98 *Château Les Trois Croix Rouge*

シャトー・レ・トロワ・クロワ・ルージュ2009

ビターチョコ、バニラビスケット、ダークチェリー、甘草や花の香り、パワフルなアタックで果実味とスパイシーな風味が余韻まで続く

ビーフシチュー、牛スジの煮込みなどに

価格	¥4100
産地	フランス、ボルドー地方、フロンサック地区
ブドウ品種	メルロ90%、カベルネ・フラン10%
輸入元	ミレジム ☎03-3233-3801

ボルドー右岸
ポムロールを見渡す丘の畑

この十数年注目されている右岸のフロンサックで最も有名なのはレ・トロワ・クロワ。メドックのシャトー格付け（1855年）の歴史上、唯一、2級から1級に昇格した「シャトー・ムートン・ロートシルト」、そしてカリフォルニアのモンダヴィとのジョイントヴェンチャー「オーパス・ワン」（1979年〜）を造りだしたパトリック・レオン氏所有のシャトーだ。1995年に購入し、現在は子供のステファニーとベルトランが運営している。古い港町リブルヌの隣に位置するフロンサックは、ポムロールと同様に昔は北ヨーロッパに輸出が盛んだった。標高86メートルの最も高い地点にあるトロワ・クロワからは、今や最も贅沢なワイン産地となったポムロール、サンテミリオンが見渡せる。古木の多い畑から、洗練されたリッチなワインが生まれている。

99 *Château Grand Village Rouge*

シャトー・グラン・ヴィラージュ・ルージュ2005

カシスやプラム、ハーブ、チョコレートとスパイスの香り、肉付きの良い円やかな果実味とチョコレートっぽさが調和して親しみやすい

トマト料理、ポークソテー、チキンカツ、すき焼きなどに

価格	¥2400
産地	フランス、ボルドー地方
ブドウ品種	メルロ77%、カベルネ・フラン23%
輸入元	ジェロボーム ☎03-5786-3280

ポムロール憧れのシャトーのファミリーワイン

ボルドーで最も高価な赤ワインはポムロール地区のシャトー・ペトリュス、5大シャトーよりも常に高額で取り引きされている。そして、近隣のシャトー・ラフルールもペトリュスと同様に愛好家の垂涎の的になっている。ポムロールの魅力は濃密な果実味とベルベッティな舌触り、熟成するとトリュフのように官能的になることだ。ラフルールのオーナーであるギノードー氏とそのファミリーはグラン・ヴィラージュを所有し、醸造はラフルール内で行っている。ブドウ畑はブールとフロンサックの中間に位置するムイヤックというマイナーな村にある。そこで収穫されたブドウを運び入れてアルコール発酵が終わると、ラフルールの熟成用の新樽に2カ月入れられ、その後は約6カ月古樽で熟成される。優しい味わいなので料理に合わせやすい。

100 *Bad Boy*

バッド・ボーイ2008

ビターチョコ、プラムのリキュール、丁子やシナモンの香り、柔らかい果実味とアルコールの力強さとスパイシーさが調和、パンチがある

焼肉、牛バラ肉の煮込み、和牛と野菜の黒コショウ炒めに

価格	¥3500
産地	フランス、ボルドー地方
ブドウ品種	メルロ80%、カベルネ・フラン20%
輸入元	徳岡　☎06-6251-4560

ガレージの前に立つ バッド・ボーイ

壮麗なシャトーが立ち並ぶメドックが位置する左岸と違い、右岸は家族経営の小規模のワイナリーが多く鄙びた趣がある。その中心にあるサンテミリオンの丘の中世の面影を残した街は、美しい畑が周辺に広がり世界遺産にも登録されている。その街中にバッド・ボーイを造るジャン・リュック・テュヌヴァン氏のシャトー・ヴァランドローがある。元銀行員からソムリエや流通業者を経て、1991年からワイン造りをはじめた。小さなワイナリーのガレージの前に立っていたら、ジャーナリストにガレージ・ワインと評されたとのこと。1979年出現のル・パン（シンデレラ・ワイン＝無名ワインが一夜で超有名になること）の2番手とも言われたが、毎年木製発酵タンクを刷新するオートクチュールなワインは見事だ。バッド・ボーイはその弟分のひとつ。

Column

ワインをおいしく飲むための心得

ワインはボトルの中で熟成しておいしくなるお酒です。なまのフルーツやお花を扱うがごとく保存や持ち運びに気をつけ、飲む際は温度とグラスに神経を使わなければなりません。

第1に保存の温度と湿度が大切です。優良なワインショップでは、室温を人間にとっては寒すぎる約20度にしてボトルの健康状態を維持しています。特に、高級ワインは14度、湿度は70%ほどに保たれた理想的なカーヴで保存されます。ワインは20度以上になると、熟成が早く進むので、早めに飲む場合はよいけれど何十年も熟成させる予定であれば、ワイン用カーヴを購入して理想的な温度と湿度を守りましょう。家庭用の冷蔵庫は、10度以下と低過ぎるのと、湿度が低過ぎるためコルクが乾燥し、縮むと空気が瓶中に入り酸化してしまいます。その上、ドアの開け閉めによる温度変化や振動は、ワインを老化させます。ただし、ヴィンテージの若いワインで1カ月くらいであれば問題はないでしょう。

夏の場合は、外気温が30度以上になるので、暑い部屋や車の中にボトルを置きっぱなしにすると、ワインが膨張してコルクを盛り上げワインが噴出するので要注意です。持ち歩く時には、必ず保冷バッグに入れましょう。思いがけずワインが噴いてしまった場合は、翌日までに飲まないと酸化による酸っぱさや苦味がでてきます。

第2に飲用温度が大切です。シャンパンやスパークリング・ワインの場合は、よく冷やすと泡立ちがよくなります。家庭では冷蔵庫から出してグラスに注ぐと6度くらいで丁度良い温度です。白やロゼワインは6～10度。しかし、複雑でコクのある白ワインは少し高めで10～13度のほうが、芳香を楽しめます。赤ワインはフルーティなタイプは冷やし気味で12～15度くらい、渋みが強いワインは15～18度くらいが理想的です。

早く冷やしたい時には、ソー・ア・シャンパーニュ（シャンパン・バケツ）に氷と水を半々に入れ、ボトルのネックまで十分浸るようにしましょう。冷やす時間の目安は、「室温－目標とする温度＝○分」です。たとえば、室温が26度の場合、6度に冷やすためには、26－6＝20で、20分間バケツの中に入れれば大丈夫です。また、瓶の部分が冷えるのに時間がかかるので、急いでいる時は冷凍庫の中に入れて瓶を冷たくしてから冷蔵室に移せば早く冷えます。

一番気をつけなければいけないことは、飲む時にワインの温度。20度以上になると、爽やかな果実味が感じられずアルコールのボリュームばかりが目立ちます。どんな高級なフレッシュジュースでも冷えていないと醍醐味が味わえないのと同じことです。

第3にグラスが大切です。ボウルの部分が卵型（チューリップ型）をした透明のクリスタルグラス、ステム（脚）がある方がワインの温度が上昇しないので理想的です。口に当たるグラスの部分は薄い方が、ワインのおいしさが増します。オーストリア製のリーデル社やフランスのバカラ社ではワインのタイプに合わせ種類が豊富に揃っていますが、家庭ではチューリップ形の万能型があれば白赤ロゼ関係なく楽しめます。スパークリング・ワインは泡立ちを楽しむためには縦長のフルート・グラスが適当ですが、複雑な香りを楽しむにはチューリップ型をお勧めします。また、ロマネ・コンティのような華やかで芳しいワインをいただく場合は、バルーン型という金魚鉢のように円みのある大きめのグラスをお勧めします。

テイスティングの仕方は、外観を見て健全かどうか確かめてから（濁り等）、少しスワーリング（グラスを回して香りを引き出すこと）をします。ワインは香りのお酒なので、空気と攪拌させるとアルコールの揮発成分と共に10倍近く香りの要素があらわれます。スワーリングをする際のマナーは、右利きの人は左へ、左利きの人は右にまわすことです。自分に対して内側に行えば、万が一グラスからワインがこぼれた時も隣の人に迷惑をかけないですみますし、見た目も上品です。

また、初めにワインを口に含む際には、2～3秒間、牛肉を噛むようにして味わいましょう。そうすると、舌にある味蕾《みらい》が味を感知します。舌の先端は甘味、そのすぐ横には塩味、両脇には酸味、奥の方で苦味を感じます。味覚は「五味」あり、舌で感じる四味の他に「旨味」があり、これは舌全体で感知するものなので、お料理もよく嚙んでいただくとおいしさがよくわかります。ワインにとって大切なバランスの良さや余韻の長さもチェックしてみましょう（詳細については２１０ページを参照）。

レストランでは、ワインが健全であるかどうか（ブショネ＝コルクが原因でワインに不具合が生じること）の他に、飲用温度が適切かを判断してソムリエに伝えます。

このようなことを気にかけてみると、ワインの楽しみが倍増することと思います。

T字型スクリュー

ワインのコルクを優雅に抜く方法

最もシンプルで優雅とは言えないものは、「**T字型スクリュー**」。使い方はスクリューの先端をコルクに差し込み、次にボトルをヒザの間にはさんで力いっぱい引き抜きます。コルクが硬いと天文学的な力が必要になり、長いコルクの場合は途中でちぎれます。二十数年前に、あるエアラインの格安ファーストクラスでパリに行った時、機内で究極の粗野な抜き方を目の当たりにしたことがあります。その時のキャビン・アテンダントは多分ワインを飲んだことがないと思われますが、私が白ワインを頼むと、棚に置いてあった安物のカリフォルニア・ワインのボトルを左手でつかみ、T字型スクリューをアルミのキャプシール（カプセル）の上からブスリと刺して真っ赤な顔をして思いっきりコルクを引き抜いたのでした。キャプシールはボロボロに破けたけれど、安価なワインのコルクは短い（約3セン

ド・ゴール

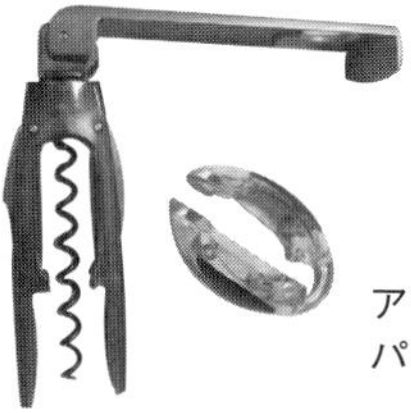
アメリカ・パテント式

チ）のでうまく抜栓できました。
　ボトルの注ぎ口とコルクを保護するために、上から覆い被せてあるキャプシールはカジュアルワインの場合アルミ箔なので切れやすいですが、高級品は錫箔《すずはく》（昔は鉛入り）なので引っ張っても切れません。カットするためにはソムリエ・ナイフに付いている小さなナイフやアメリカ・パテント式専用カッターが便利です。包丁で切る方が時々いますが、危険なので是非どちらか購入していただきたいものです。

　家庭用のカジュアルなコルクスクリューは「**ド・ゴール**」。２本の腕がついていて、スクリューがコルクの中に入っていくとド・ゴールが万歳をした時のように腕が２本上がっていきます。腕を両手で持って下に下ろせばコルクが上がります。欠点は、スクリューの部分が短いので、高級ワインの長いコルクはうまく抜けません。

　高級なコルクスクリューは「**アメリカ・パテント式**」。様々なデザインで売られていますが、スクリューがアメリカのＮＡＳＡで開発されたチタンという軽くて丈夫な金属で出来ていて長いので、ロマネ・コンティのような５・５センチもあるようなロング・コルクでも楽々抜けます。取っ手

アソー

ソムリエ・ナイフ

の部分を右方向にグルグル回すだけでアッという間にコルクが上がってきます。ボルドーやブルゴーニュの生産者に愛用者が多いのは、ゲストの前ではスピーディで失敗しないことが一番だからでしょう。専用のキャプシール・カッターと対で使うと便利です。

「アソー」（挟み式）はユニークなオープナーです。ボトルの口とコルクの間に2枚のステンレスの刃を差し込み、挟んでコルクをゆっくりと持ち上げます。スクリューがないからコルクに穴が開かないので、コルクは美しいまま抜かれて喜んでいることと思いますが、かなり難しくコツがいります。日本でアソーを使用している人を見たことがありませんが、ドメーヌ・ド・ラ・ロマネ・コンティ社を訪問した際、醸造長のノブレ氏がモンラッシェやラ・ターシュ、ロマネ・サン・ヴィヴァンを抜栓するのにアソーを上手に使っていました。ワインのみならずコルクにまで気を使われているのかと感動したものです。

「ソムリエ・ナイフ」はコンパクトなので携帯用に便利です。キャプシールを取り除いたら、スクリューを出してコルクにしっかりと突き立て、直角にまっすぐ入るように静かに回しながらスクリューを入れます。次にボトルの首とテコの支点となるソムリエ・ナイフの頭の部分を押さえながら、右手でテコの握り手を持ち静かに引き抜きます。崩れやすい古酒のコルクや途中でちぎれてしまったコルクに対応できるのは、スクリューの位置を自由自在に操れるソムリエ・ナイフしかありません。頑張って抜栓の練習をしてみましょう。

それから、最近増えてきているスクリューキャップのボトルの場合は、キャップを左手でしっかりと持ち、右手でボトルを回転させると楽に開けられしかも上品に見えます。

ワインライフを優雅に過ごすためには、少しの努力が必要ですね。

コルク栓とスクリューキャップの利点と欠点

コルクスクリューを使用する必要がなく、簡単にワインの栓を開けることができるスクリューキャップ。世界中に広まっていますが、主流はオーストラリアとニュージーランド。特に、ニュージーランドでは90％ほどのワインがこのタイプです。そもそもスクリューキャップが開発された理由は、コルク栓を作るために必要なコルク樫の需要が世界的に増えて、高品質なコルクの入手が困難になったこともありますが、ブショネによるワインのダメージを解消するためです。

ブショネは日本語で「コルク臭」。ブションはフランス語で栓のことです。コルクの歴史は３００年以上あり、17世紀末にコルク栓とガラス瓶が現れてから酒質は劇的に向上しました。無味無臭、弾力がありワインと化学変化をおこさないコルク栓を利用することによって、ワインの長期保存も可能になりました。コルク栓を利用する前は、木片をオリーブ油に浸した麻布に包み栓がわりにしていたので、横に寝かすこともできませんでした。

そんな便利なコルクですが、現在はブショネが20本に1本あると言われているので、リスクを回避するためにスクリューキャップが出現しました。ブショネの原因は、トリクロロアニゾル（ＴＣＲ）という化学物質。コルク栓はポルトガルやスペイン等の乾燥した土地に生えるコルク樫の表皮を剝がして、加工してから塩素液で消毒、乾燥して作られます。乾燥させる際に完全にコルクが乾いていないとカビが発生、ＴＣＲとなりワインが汚染されます。カビ臭や薬品のようなツンとした臭い、生木を剝いだような臭いがして、果実味がまったくなくなり、味は酸化による苦味が徐々に強くなります。レストランで行うホスト・テイスティングは、ブショネかどうかのチェックで、ブショネの場合は、新たなボトルを開けてもらえます。

スクリューキャップの利点は、簡単に開けられ、ブショネの心配がなく、フレッシュさが長く保たれること。しかし、完全に密閉され酸素透過量が少な過ぎるので、ムッとした還元臭（硫化水素が原因の卵が腐ったような臭い）が現れるという欠点があります。また、瓶熟成による複雑性がほとんどないので、長期熟成型の超高級ワインには使用されません。

コルク栓の代替品として、「テクニカル・コルク」というコルクを粉砕したものを接着剤で固めたものがあり、1000〜3000円のワインによく使用されますが、ブショネの心配がなく、熟成も均一に進み、プラスチック製コルクよりは栓が開けやすくなっています。その他には、ヴィノロックというガラス製の蓋のような栓があり、ドイツ、オーストリア、フランスワインに少量ですが利用されています。

第6章

ワイン超入門

いまさら人に聞けない基礎知識

ワインの分類　赤、白、ロゼ、スパークリング・ワインの違い

ワインは製法上、スティル・ワイン、スパークリング・ワイン、フォーティファイド・ワイン、フレーヴァード・ワインに分類されます。

1．スティル・ワイン　　通常、ワインといっているもので、色により赤、白、ロゼの3種類に分類され、それぞれが辛口や甘口があります。スティルとは、「泡立っていない静かな状態」という意味。ワインを造るために行う発酵は、「ブドウの果皮に付着している酵母菌が果肉に含まれている糖分を食べて、アルコールと炭酸ガスが生まれる化学反応」です。発酵が終わり、この炭酸ガスが抜けた状態のものがスティル・ワインです。

●赤ワインは、黒ブドウ（ピノ・ノワールなど）の果皮や種や果汁を一緒に発酵させます。果皮からは色素（アントシアニン）、種からはタンニン（渋み）が抽出され、色の濃い渋みのある赤ワインができます。発酵後に圧搾して、果皮と種を取り除きます。ブドウの種類や発酵方法によりいろいろな味わいの赤ワインが造られます。

●白ワインは、白ブドウ（シャルドネなど）を圧搾し果皮と種を取り除いて果汁だけを採取します。この果汁だけを発酵したものが白ワインです。果皮や種を一緒に発酵させせな

いため、色素や渋みのないブドウの酸味がきいた、すっきりしたワインが生まれます。

●ロゼワインは黒ブドウ（ピノ・ノワールなど）から赤ワインを造るのと同じように果皮や種も一緒に発酵させます。そして少し色づいたところで圧搾し、果皮と種を取り除いた果汁を取り出します。この色づいた果汁をさらに発酵させることによりロゼを造ります。白ワインと赤ワインを混ぜてロゼワインを造ることは行われません。

2. スパークリング・ワイン　炭酸ガスが含まれている発泡酒のことで、フランスのシャンパーニュ地方が代表的なものです。シャンパーニュ以外ではシャンパーニュという名前は使用できない規則があるため、ブルゴーニュ、ロワールなどではクレマンと呼んでいます。スペインではカバ、イタリアではスプマンテ、ドイツではゼクトです。

●シャンパーニュ式製法は、まず黒ブドウと白ブドウを圧搾して採取したブドウ果汁を発酵させ白ワインを造ります。そして、その白ワインの中に砂糖と酵母菌を加え瓶詰めします。するとワインの中の酵母菌が糖を食べて発酵（二次発酵）し、アルコールと炭酸ガスが生まれます。スパークリング・ワインは、この泡を瓶内に封じ込めたまま熟成して造られます。安価なスパークリング・ワインは、瓶の中で二次発酵するのではなく、大きな密閉タンク内で行い大量生産しているので、泡が大きくて抜けやすいのです。

3．フォーティファイド・ワイン　酒精強化ワインのことで、スティル・ワインにブランデーなどを加えてアルコール度を高めたワインです。スペインのシェリー、ポルトガルのポートとマデイラなどがあります。ドライ・シェリーは食前酒ですが、ポートは甘口なので食後酒です。保存性が高く長持ちします。

4、フレーヴァード・ワイン　スティル・ワインに果汁、薬草、香辛料を加えたワインです。「フレーヴァード」とは「香り付けした」という意味で、ヴェルモットやサングリアなどがあります。食前食後に飲む他に、料理やお菓子作りに使用されます。

ワインのようにアルコール発酵により造られるお酒を「醸造酒」と呼びます。また、醸造されたお酒を蒸留してアルコール度を高めたものが蒸留酒。ブランデーはブドウから、ウォッカは麦やイモ、ウィスキーは大麦、焼酎は麦や米やイモから造られます。

ボルドーとブルゴーニュとは？

フランスは質量ともに世界一のワイン王国です。日本の1・5倍の広さのフランスはヨーロッパの中心に位置し、恵まれた気候風土から多様なワインを産出しています。フランスの10大産地（アルザス、シャンパーニュ、ジュラ、ロワール、ローヌ、プロヴァンス、ラングドック・ルシオン、シュド・ウエスト、ボルドー、ブルゴーニュ）の中でも西の横綱がボルドー、東の横綱がブルゴーニュと呼ばれる2大銘醸地です。

古代ローマ人がガリア（フランス）にワイン造りを伝えてからの歴史は約2000年ですが、2つの産地では中世からの歴史、ブドウ品種、ワインのタイプや生産者の形態も違う独特のスタイルが確立されています。

ボルドーはワインの女王、ブルゴーニュはワインの王様といわれています。ボルドーのほうが色の濃い渋みの強い赤ワインなので、女王とは不思議に思われるでしょうか。ボルドーは港町、ワイン貿易の中心地として栄えました。12〜15世紀の300年間はイギリス領であったため今もイギリスへの輸出は盛んであり、女王陛下のワインというイメージがあります。一方ブルゴーニュは、修道僧によって開墾された素晴らしい畑から生まれる赤ワインは、特に16～17世紀に宮廷でもてはやされ、ルイ14世が薬として毎日飲んでいたロマネのワインや、ナポレオン皇帝が贔屓にしたシャンベルタンというように王様、皇帝のイメージがあります。また、ボルドーよりもブルゴーニュは芳香が強く、ボルドーワインは知性をくすぐり、ブルゴーニュワインは官能に訴えかけます。

　ボルドーはフランス南西部、大西洋に面した温暖な海洋性気候。ブドウ畑はジロンド川とその支流のドルドーニュ川とガロンヌ川の周りに広がっています。全体の生産量の9割近くが赤ワイン、残りは辛口の白ワインと貴腐ワインです。

　ガロンヌ川の西は左岸と呼ばれるメドック地区、グラーヴ地区があり、カベルネ・ソーヴィニョンを主体とした骨格（タンニンと酸味）のしっかりとした長命な赤ワインを産出します。極甘口のソーテルヌ地区も左岸です。また、ドルドーニュ川の東は右岸と呼ばれるサンテミリオン地区やポムロール地区があり、メルロを主体とした果実味の肉付きのよい長命な赤ワインを産出します。辛口白ワインはグラーヴ地区では高級品、2つの川の間に位置するアントル・ドゥー・メール地区では並～中級が産出されます。

　ボルドーのワイン名は、生産者であるシャトーを名乗るのが一般的です。シャトーは城という意味がありますが、ワイン用語では「自社畑を有するワイナリー」のことです。シャトーが所有する畑はメドック地区では50～１００ヘクタールほどあり、そこではシャトー名を冠した「グラン・ヴァン」と「スゴン・ヴァン」（セカンド・ワイン）と呼ばれる畑の若い木やシャトー名を名乗るには不満足なロットからワインが造られています。

シャトーでは数種のブドウ品種をブレンドしてシャトーのスタイルを造り上げます。ボルドーでは9月の収穫時期に雨が降るので、収穫時期が異なるブドウを畑に植えて全品種が雨で全滅するようなことがないように保険代わりにしていることもあります。左岸での収穫は、早熟品種のメルロから始まり、カベルネ・フラン、カベルネ・ソーヴィニョン、プティ・ヴェルドと続きます。一方、左岸よりも涼しい右岸ではカベルネ・ソーヴィニョンが完熟できないので、メルロとカベルネ・フランをブレンドしています。

白ワインも数種の異なるブドウ品種をブレンドします。辛口は、爽やかなソーヴィニョン・ブランを主体とし、ラノリンやメロン風味のセミヨン、スパイス的にミュスカデルをブレンドします。極甘口の場合は、セミヨンを主体としソーヴィニョン・ブランをブレンドするのが一般的です。

ボルドーのＡＯＣでは、ボルドー地方→メドック地区→ポイヤック村というように3段階の品質等級制度があり、地域が小さく限定されるほど、生産量は少なくなり品質が高くなります。品質が高くなる理由は、１ヘクタールあたりに収穫するブドウの量を厳しく制限することで実のエキスは凝縮し、複雑なワインが生まれるからです。品質等級が高くなると熟度の高いブドウを使用するということでアルコール度数も高くなります。エチケット（ラベル）を読む時に、表示されてある産地名が地方・地区・村なのかをチェックすれば格の高さがわかります。

　ワインの格も大切ですが、おいしいワインに出合うためには畑仕事を実直に行うセンスの良い優良生産者を選ぶことが第一です。ボルドーのワインは格よりも経営状態の良し悪しによって、おいしいかどうか決まると言われています。

　ボルドーではＡＯＣが村までしかないため（ブルゴーニュは特級畑や1級畑がある）最高級品がわかりにくいので、地区別でシャトー格付けが行われています。１８５５年のパリ万博の際にナポレオン3世の命により作られたメドック地区とソーテルヌ地区の格付けが一番古く、１５０年以上たった今でも通用しています。格付けの変更があったのは、２級から1級に上がったシャトー・ムートン・ロートシルトのみです（1～5級まである）。各シャトーは、そのブランドを守るために莫大な投資が必要となるので、1級シャトーのワインは今や一本10万円近くします。他にもグラーヴ地区、サンテミリオン地区の独自の格付けがあります。ボルドーで最も高価で誰もが憧れるワインは、ポムロール地区のメルロで造られるシャトー・ペトリュスです。

ブルゴーニュ地方はフランスの北東部の内陸に位置した冷涼な大陸性気候。北のシャブリ地区はセーヌ川沿いの白ワインのみの産地、その南に位置するソーヌ川沿いのコート・ド・ニュイ地区、コート・ド・ボーヌ地区、コート・シャロネーズ地区、マコネ地区、ボージョレ地区と全部で6地区あります。その中で特にコート・ド・ニュイとコート・ド・ボーヌを併せて呼ばれるコート・ドール（黄金丘陵）では赤はピノ・ノワール、白はシャルドネで造られるワイン愛好家垂涎の芸術的なワインが産出されています。コート・シャロネーズは中級の主に赤ワイン産地、マコネ地区は並〜中級の白ワイン産地です。最南端に位置するボージョレ地区では、ガメという黒ブドウ品種から造られるボージョレが、ブルゴーニュの全生産量の半分を占めます。その内ボージョレ・ヌーヴォー（11月第3木曜日が解禁の新酒）として出荷されるのは半数以上です。

ブルゴーニュの魅力はジュラ紀の地層の石灰質土壌から生まれるミネラル豊かで繊細な白および赤ワイン。また、コート・ドールの東南に向いた丘陵の斜面の中腹にある中世に修道僧によって拓かれたグラン・クリュ（特級畑）やプルミエ・クリュ（1級畑）の美しい畑から生まれる土地の個性を表現したワインです。しかし、現在それらの畑では複数の所有者から複数のワインが産出されているので、どれが良いのかわかりにくいのがブルゴーニュです。また、ブルゴーニュの生産者は、ボルドーのように1カ所に広く所有するのではなく、村の中でも何カ所に分かれて少しずつ畑を所有し、そのテロワールごとの特徴をワインで表現しています。生産量が少ないので、人気のある造り手のものは入手困難となります。

　ボルドーにおけるシャトーを意味する「自社畑を有するワイナリー」は「ドメーヌ」と呼ばれ、家族経営で何代にもわたり引き継がれています。１７８９年のフランス革命の際に修道院や貴族が所有していた畑は国に没収され、革命後に競売にかけられ小さい単位で売られました。さらに畑を買った農家がナポレオン法典による相続法（子供全員に均等に相続させる）によってその畑が細分化された結果、複雑になりました。ちなみにシャンベルタンの畑13ヘクタールに25人の所有者が存在します。同じ畑のドメーヌ違いでワインを飲み比べてみるのも愛好家の楽しみのひとつになっています。ドメーヌの他には、ブドウやワインを農家から買って製品にするネゴシアンという生産者もいますが、ブルゴーニュの場合は、ボルドーと違いネゴシアンといっても自社畑も所有してワイン造りをする会社が多くみられます。

ブルゴーニュのワインは単一品種で造られます。ひとつの品種だからこそテロワール（土壌や地勢など）を鏡のように純粋に映し出すといわれます。AOC法はボルドーのように村が最小単位ではなく、ブルゴーニュ地方→コート・ド・ニュイ・ヴィラージュ地区→ジュヴレ・シャンベルタン村→ジュヴレ・シャンベルタン・プルミエ・クリュ1級畑→シャンベルタン特級畑というように、5段階の品質等級です。格が上がるごとに、複雑で凝縮された個性の強い味わいになります。頂点に君臨するグラン・クリュはシャブリ地区に1カ所、コート・ドール地区に32カ所の合計33カ所あり、その中の最高峰の赤はロマネ・コンティ、白はモンラッシェです。

テイスティングとは？

テイスティングは生産者にとっては「唎き酒」、流通業者にとっては「試飲」と呼びます。ワインはビールのような工業化製品とは違い、多種多様な個性を備えているので、どのような特徴があるかを確かめるための重要な作業です。

外観　グラスの4分の1ほどワインを注ぎ、色の濃淡、清澄度、粘性、気泡をチェックします。

白ワインは瓶詰めして間もない時には、マスカットの果皮のような緑色が強いのですが、熟成が進むと茶色が入ってくるので黄色く変化し色調も濃くなります。また、冷涼な地域で造られると日照量が少ないため淡い緑色をしています。

赤ワインは、瓶詰めして間もない時には、巨峰の果皮のような青みがかった紫が強めの赤色（ルビー色）、熟成が進むと茶色がかった赤色（ガーネット色）に変化していき、色調は淡くなります（色素が澱《おり》となり瓶の中に沈殿するため）。どちらも最終的には茶色から褐色へと変化していきますが、茶色になった時には飲み頃は過ぎています。

粘性チェックは、ワインがどれくらいトロリとしているかどうかをグラスの内壁にへばりつく様子で確認します。アルコールと残糖（ワインに溶けている糖分）の量が大きく影響します。温暖地域の濃厚で高アルコールのものと、極甘口のデザートワインは粘性が非常に強いタイプです。

香り　ワインは香りを楽しむ酒なのでとても重要です。香りだけで熟成度や原料のブドウ品種がある程度推測できます。傷んだワインかどうかも判断できます。香りのとり方は練習により、驚くほど上達するものです。チェックする香り（アロマ）は3つに分類されています。第1アロマはブドウ品種からくる果実、花、植物、スパイス、ミネラル等。第2アロマは発酵によって生じる香り、低温発酵による花やキャンディのようなエステル香などです。第3アロマは樽熟成、または瓶熟成からくるきのこや腐葉土のような香りです。

樽熟成をしたかどうかはバニラやトースト香の有無と芳醇さ等で判断します。また、ワインはブドウから造られますが、ブドウ以外のフルーツの香りがあることも興味深いポイントです。

白ワイン　柑橘系のレモン、ライム、グレープフルーツ、木なりフルーツのリンゴ、洋梨、桃、ネクタリン、トロピカルのパイナップル、パッション・フルーツ、マンゴー、パパイヤ、メロン等。酸の豊かなフルーツは冷涼産地、トロピカルで濃厚な甘い香りは、温暖産地で育ったブドウの可能性が高いといえます。

赤ワイン　赤系フルーツのチェリー、ラズベリー、イチゴ、プラム。黒系フルーツのブルーベリー、ブラックベリー、カシス等の他に、暑い地域では、甘さの強いイチジク、干しブドウ、ドライフルーツが感じられます。

味わい　最終段階です。外観と香りによって引き出された結果を最終的に確認します。まずワインを10ミリリットルほど口に含み、口の中にゆっくりと広げ隅々まで均一にいきわたらせます。2〜3秒してから飲みこみ余韻に残るフレーヴァー等を楽しみます。白ワインのポイントは3つ。果実味の甘さとボリューム、酸味の多少、アルコールの高さ、それらの何かが突出していないか、バランスが良いかどうかです。赤ワインは渋みが加わり4つ。渋みは舌ではなく皮膚に感じる刺激であり、特に歯茎のあたりに強く感じられます。飲んだ後の余韻が長く、繊細さ、優雅さ、複雑さを伴っていれば高品質なワインの証拠です。

ワインのテクスチュアも大切。ワインを口に含んだ時の触感のことです。渋みが滑らかであること、ボディ（重量感）、粘性、苦味、酸味にも関係しています。

外観、香り、味わいの3点をもとに結論としての総合評価をしますが、その時にワインに合うグラスの形状、供出温度、相性の良い料理、価格、若飲みタイプで2〜3年以内に飲むべきワインか、10年は待つべき長期熟成タイプであるかも判断できるとよいですね。

テイスティング能力は、スポーツと同様に経験を重ねることによって上達します。ワインを楽しむ時に、最初のひと口目にテイスティングをすることによって、味覚や感性に磨きをかけてみてはいかがでしょうか。

界中で栽培されている。

カベルネ・フラン
ボルドー原産の黒ブドウ。カベルネ・ソーヴィニョンよりも軽快でソフト。ピーマンやしし唐の香り。冷涼地でも育てやすいのでロワールではシノン、ブルグイユなど単一で赤ワインを造る。サンテミリオンのシュヴァル・ブランに使用されるフランが最高峰。

シラー
ローヌ地方北部原産の黒ブドウ。色が濃く、黒コショウ、鉄、スパイスの香り。タンニンが強い。南フランス全域で栽培されている。オーストラリアではシラーズと呼ばれ、スパイスよりもチョコレートのような円やかさ。世界中で注目されて増加している。

グルナッシュ
地中海周辺地域で多く栽培されている。ローヌ地方南部が栽培量が最も多く、シラーやムールヴェドルなどとブレンドされる。濃厚なジャム、ドライハーブ、スパイスの香りでアルコール度が高い。スペインではガルナッチャと呼ばれる。

ムールヴェドル
地中海沿岸地域で栽培され、プロヴァンスのバンドールでは高貴なワインになる。ブラックベリー、スパイス、ローズマリーやタイムの香り。南フランスではシラー、グルナッシュとブレンドされる。スペインではモナストレルと呼ばれる。

マルベック
ボルドー原産の黒ブドウ品種。現在フランスでは南西地方のカオール地区で主役となっている。カオールでは田舎っぽいタイプ。生産量の最も多いアルゼンチン、メンドーサの高標高の地では果実味が強くスパイシーで魅力的なワインになる。

テンプラニーリョ
スペイン原産の黒ブドウ。リオハ、リベラ・デル・デュエロなどで呼び名が変わる。黒ベリー、タバコ、スパイスの香り。タンニンが強くパワーがある。熟成するとポムロールのメルロのようになることもある。

ネッビオーロ
イタリアのピエモンテ原産の黒ブドウ。ピノ・ノワールに似て栽培が難しいので他の地域では成功していない。黒プラム、タール、バラの香り。タンニンと酸が強い。イタリアで最も長寿なバローロやバルバレスコを造る。

サンジョヴェーゼ
イタリアのトスカーナ原産の黒ブドウ。イタリアで最も多く栽培されている。プラム、甘草、農家の庭の香り。タンニンと酸が粗いが醸造法で滑らかになる。キアンティ、ブルネッロ・ディ・モンタルチーノ、ヴィノ・ノビレなどを造る。

ブドウ品種

シャルドネ
ブルゴーニュ原産の白ブドウ。辛口白ワインの王様。世界中で栽培されており、比較的育てやすい。育てる地区によって香りの幅が広く、フレッシュ&フルーティに造ったり樽発酵や樽熟成によって芳醇に仕立てあげることができる。

ソーヴィニョン・ブラン
ロワールが原産の白ブドウ。グレープフルーツや青草の香りがあり、酸が溌剌としていて鋭い。フレッシュ&フルーティに造ることが多いが、ボルドーでは樽発酵して厚みをだしてセミヨンとブレンドしている。ニュージーランドで成功している。

リースリング
ドイツ原産の白ブドウ。若いうちは、花、柑橘系、ミネラルの強い香り。熟成すると石油香があらわれる。酸味がシャープで繊細。樽熟成はほとんどしない。ドイツでは辛口から貴腐ワインまで造る。アルザスとオーストラリアはほとんど辛口に仕立てる。

ゲヴュルツトラミネール
ピンク色の果皮のグリ系ブドウ。アルザスで成功している。ゲヴュルツはドイツ語で香料という意味があり、ライチやバラの香料やスパイスの香りがエキゾチック。酸がないと重くなる。ドイツのほかにニュージーランド、オレゴン、チリにある。

シュナン・ブラン
ロワールが原産の白ブドウ。蜂蜜や濡れたワラの香りで酸が非常にシャープ。飲みやすくするためロワールでは中辛口〜貴腐ワインに仕立てるが、辛口やスパークリングも良いものがある。カリフォルニアと南アフリカではカジュアルな中辛口。

ピノ・ノワール
ブルゴーニュ原産の黒ブドウ。最も栽培が難しくコート・ドールでのみ完璧に育つ。チェリー、ラズベリー、プラム、スミレの香り。華やかで繊細。世界中の栽培家が挑戦している。ニュージーランド、オレゴン、カリフォルニアの冷涼地、オーストラリアに秀逸なものがある。

カベルネ・ソーヴィニョン
ボルドー原産の黒ブドウ。世界中で最も広く栽培されている。カシス、スパイス、強いタンニン。ボルドーではブレンドされ、熟成すると優雅で上品な味わいになる。晩熟の品種なので温暖な地でないと完熟できない。カリフォルニア、チリは単一品種で成功している。

メルロ
ボルドーが原産の黒ブドウ。ボルドーで栽培量が最も多くブレンド用に使われる。プラムが熟した柔らかさ、チョコレートの香り。タンニンはしなやかで酸味が丸い。早熟なので右岸に多く、ポムロールでは官能的な味わいになる。世

お勧めワインショップ

ヴァン・シュール・ヴァン

住 東京都港区虎ノ門1－7－6
電 03-3580-6578
営 月～金曜日9時半～19時半
第1・3土曜日12時～17時

秀逸なブルゴーニュのドメーヌ等を直輸入する他、フランスが中心の品揃え。古酒も多く揃い、大畑店長やスタッフの対応が親切。

アカデミー・デュ・ヴァン カーヴ・ド・ラ・マドレーヌ

住 東京都渋谷区神宮前5-53-67　コスモス青山ガーデンフロア
電 03-3486-7769
営 10時～19時

ワインスクールに併設されているショップ。フランスを中心に一流ワインが揃い、また質の良い日常ワインは良心的価格。ワインの直輸入も行っている。

ワイン専門平野弥

住 神奈川県横浜市都筑区荏田南町4212－1
電 045-915-6767
営 水～日曜日13時～19時

横浜に店を構える。直輸入のフランスワインを中心に世界中のワインが揃う。店主の平野光昭氏はブルゴーニュ留学をするほどこだわりがある。

東急百貨店　渋谷・本店

住 東京都渋谷区道玄坂2-24－1
電 03-3477-3582（和洋酒売場）
営 10時～20時

東京のデパートの中では伝統国・ニューワールドとも随一の品揃えを誇る。超高級から日常ワインまで、藤巻暁ソムリエをはじめスタッフのセレクションのセンスが良い。

ワイズ　ワイン ギャラリー　銀座

住 東京都中央区銀座2－7－7 GINZA 2nd Ave. 1-Bビル1階
電 03-6228-6081
営 月～土曜日11時～21時
日曜日11時～18時

1階のショップは価格別にワインが並べられているので、予算が決まっている場合は選びやすい。高級グラスワインが試飲できる。

横浜君嶋屋

住 神奈川県横浜市南区南吉田町3-30
電 045-251-6880
営 月～土曜日　10時～20時

横浜が本店、丸の内支店もある。直輸入のフランスワインの品揃えが多く、また店主の君嶋哲至氏の得意分野である日本酒も豊富。

お勧めネットショップ

アサヒヤワインセラー

URL www.asahiya-wine.com/
電 03-3951-6020

東京都練馬区に実店舗を構える。店主の阿出川雅丈氏がセレクトする世界中のワインが豊富に揃い、毎週末には店舗で試飲会を開催。ニュージーランドワインの直輸入も行う。

シマヤ酒店

URL http://www.shimaya-sake.com
電 043-252-3251

千葉に実店舗を構える。ブルゴーニュ、ボルドー、シャンパーニュの超高級ワインや、幻の日本酒や焼酎が揃うことで有名。趣味の良い日常ワインも多い。

ベリー・ブラザーズ＆ラッド日本支店

URL http://www.bbr.co.jp
電 03-5220-5491

英国最古のワイン＆スピリッツ商であり、ロンドンに300年前からある老舗の日本支店。特別なワイン専門家がセレクトした超高級から日常ワインまで揃う。

ワイナリー和泉屋

URL http://www.wizumiya.co.jp
電 03-3963-3217

店主の新井氏は情熱的にワイン普及活動を行い、池袋にスペイン風ワインバー「エスペルト」も経営。新しいスタイルの繊細なスペインワインを直輸入している。

ワイン通販 エノテカ・オンライン

URL http://www.enoteca.co.jp
電 0120-81-3634

日本各地に支店をもつエノテカのネットショップ。世界中の直輸入品が多く、特にボルドーの品揃えは日本一。登録すると、毎日メールマガジンが届く。

カーヴ ド リラックス

URL www.cavederelax.com
電 03-3595-3697

東京都港区に実店舗を構える。ネットでは店主の内藤邦夫氏の選ぶ直輸入の南仏ワインを中心に超破格のワインセットを販売。

奥山久美子 おくやま・くみこ

東京・青山の老舗ワインスクール日本校「アカデミー・デュ・ヴァン」副校長。成城大学・文芸学部卒業後、原宿でブティックを経営。フランス、イタリア買い付けの際食文化に触れ、ワインのおいしさとその背景にある文化に興味をもつ。「シニア・ワインアドバイザー」、「WEST アドヴァンスト・サーティフィケート」取得。「NHK文化センター(青山)」ほか企業向けワイン講座を担当。「シュヴァリエ・デュ・タストヴァン」「コマンドリー・ド・ボルドー」「シュヴァリエ・デュ・タストフロマージュ」。著書に『ブルゴーニュ コート・ドールの26村』(ワイン王国)、共著に『ワイン上手になろう』(主婦と生活社)、『ワインの基礎知識』(時事通信社)、監修に『シャンパンのシーン別楽しみ方』(朝日新聞出版) がある。

朝日新書
375

高級品の味わいをお家で!
極上《ごくじょう》ワイン100本《ぽん》

2012年11月30日第1刷発行

著者　奥山久美子

発行者　市川裕一
カバーデザイン　アンスガー・フォルマー　田嶋佳子
印刷所　凸版印刷株式会社
発行所　朝日新聞出版
〒104-8011　東京都中央区築地5-3-2
電話　03-5541-8832 (編集)
　　　03-5540-7793 (販売)
©2012 Okuyama Kumiko
Published in Japan by Asahi Shimbun Publications Inc.
ISBN 978-4-02-273475-4
定価はカバーに表示してあります。

落丁・乱丁の場合は弊社業務部(電話03-5540-7800)へご連絡ください。
送料弊社負担にてお取り替えいたします。